水利工程建设项目档案质量管理

潘运方　黄坚　吴卫红　陈光琳　陈璐　著

中国水利水电出版社
www.waterpub.com.cn
·北京·

内 容 提 要

本书围绕水利工程建设项目档案质量的问题，介绍了工程建设项目档案概念、范围、必要性、重要性，分析了工程建设项目成果与项目档案的关系和工程建设项目档案与文件的关系，研究提出了工程建设项目档案质量标准、质量要求和内涵，详细阐述了外在规范、内在质量的含义和要求。通过实例分析了项目档案质量与工程质量安全事故的关系，通过案卷方式分析了工程建设项目档案内在质量存在的问题及原因分析，提出了水利工程建设项目档案质量管理、档案资料检查审核审查、档案工作监督管理、档案工作规划与管理报告编制等方面的建议。同时，结合工作实践，整理了水利工程建设项目档案质量管理实例和水利工程建设项目档案内在质量的研究成果。

本书可供工程建设项目行政主管部门、档案行政管理部门、建设、勘察、设计、监理、施工、检测、安全监管和质量监督等单位工程技术人员和档案管理人员阅读，也可供相关专业的高等院校、科研院所师生参考。

图书在版编目（CIP）数据

水利工程建设项目档案质量管理 / 潘运方等著. --
北京 : 中国水利水电出版社, 2021.6(2023.6重印)
ISBN 978-7-5170-9641-2

Ⅰ. ①水… Ⅱ. ①潘… Ⅲ. ①水利工程－基本建设项目－工程项目管理－档案管理 Ⅳ. ①TV512

中国版本图书馆CIP数据核字(2021)第112903号

书　　名	**水利工程建设项目档案质量管理** SHUILI GONGCHENG JIANSHE XIANGMU DANG'AN ZHILIANG GUANLI
作　　者	潘运方　黄坚　吴卫红　陈光琳　陈璐　著
出版发行	中国水利水电出版社 （北京市海淀区玉渊潭南路1号D座　100038） 网址：www.waterpub.com.cn E-mail：sales@mwr.gov.cn 电话：(010) 68545888（营销中心）
经　　售	北京科水图书销售有限公司 电话：(010) 68545874、63202643 全国各地新华书店和相关出版物销售网点
排　　版	中国水利水电出版社微机排版中心
印　　刷	清淞永业（天津）印刷有限公司
规　　格	184mm×260mm　16开本　8.25印张　201千字
版　　次	2021年6月第1版　2023年6月第2次印刷
印　　数	1001—2000册
定　　价	**60.00**元

前言

司马迁在《史记》中提到："汉王所以具知天下厄塞，户口多少，强弱之处，民所疾苦者，以萧具得秦图书也。"公元前206年，刘邦率领军队占领秦都咸阳，看到咸阳城的繁华和富庶，士卒都忍不住去抢夺金帛财宝，而萧何却带人直接来到大秦丞相和御史专属的档案库房，将所有档案（其中包括天下诸郡县的户口版籍、土地图册、律令文书等）全部清查、分类，然后打包带走。不久，从鸿门宴中逃脱的刘邦被西楚霸王项羽封为汉王，属地在当时相对偏僻的汉中巴蜀，萧何将这些档案全部献给了刘邦。这些档案中有南海郡枳浆种植面积、成都蜀锦产量、琅琊郡在秦始皇二十八年的壮丁总数以及关中铁匠作坊的数量等。看到这些档案之后，刘邦兴奋不已，作为一个志在天下的王者，他看到了蕴藏在这些档案背后的机会。

萧何从咸阳运走的档案，为刘邦后来出蜀、赢得楚汉战争、统一天下奠定了坚实基础。抵达汉中后，刘邦拜萧何为丞相，主抓内政。没过几年，刘邦明修栈道、暗度陈仓，拉开了楚汉战争的序幕。在楚汉战争中，这些档案的作用被充分发挥出来：通过档案资料，刘邦知道壮丁的数量，可以算出能动员的士兵和民夫有多少；了解牲畜多寡，可以合理分配运力；查阅作物产量，可以对粮草的征发做到心中有数；掌握相关地形图册，明确了对相关地区的用兵方略；知道哪个郡县有铁矿，可以冶炼兵器；知道哪个郡县有草药，可以平复疫病；知道哪个乡村可以提供兽筋膏脂，多长时间能送到哪里，道路状况如何等。在同项羽的军事对垒中，刘邦虽然屡次受挫，但是他充分运用这些档案，最终在楚汉战争中取得了最后的胜利。刘邦登基后论功行赏，把首功授予了负责后勤工作的萧何，这不仅是萧何的成功，也彰显了档案对国家治理的重要作用。

随着我国社会主义市场经济的持续发展，工程建设项目，特别是水利工程建设项目，其数量、规模和投资逐年递增，水利工程建设项目的管理日趋规范、科学、有效，与此同时，水利工程建设项目档案管理工作在系统化和规范化上也得到大幅提升。广东省各级政府、档案行政管理部门、水行政主管部门、监管部门、建设单位和参建单位积极贯彻落实国家有关档案法律法规、水利部和国家档案局及广东省关于档案管理工作的规章标准，认真贯彻落实中共中央办公厅、国务院办公厅《关于加强和改进新形势下档案工作的意见》（中办发〔2014〕15号），采取切实有效措施和监督管理办法，积极推进水利工程建设项目档案管理工作，通过建立健全档案管理工作机制、严格落实工作责任、建立档案工作管理网络和档案管理制度、加强学习培训等方式，不断提高档案管理人员的业务能力和管理水平，水利工程建设项目档案管理工作取得了良好的成效，并在社会经济发展中发挥了重要的作用。

近10年来，笔者在参加广东省档案局组织的全省重大建设项目档案监督检查，参与广东省水利厅组织的省重点水利工程建设项目档案督导工作过程中，结合水利工程建设项目档案管理工作，共监督检查和指导100多宗（次）工程建设项目，查看项目建设现场和查阅档案实体，收集档案资料照片近万张，发现水利工程建设项目档案在外在规范方面（如项目文件的形成、收集、整理、分类、编号、立卷、审核、归档、保管、查借阅、统计、移交等）较为完善，系统性和安全性都能达到规定要求；但在水利工程建设项目档案内在质量方面，其完整性、准确性和规范性仍存在不少问题，特别是在工程的实施过程中，文件材料如何做到同步形成、同步收集、同步整理，确保档案的真实、准确、完整、系统、规范和安全方面仍存在较大差距。为此，结合工作实践，2018年申报了广东省档案局《水利工程建设项目档案内在质量的研究》课题，课题成员通过参加国家档案局、水利部和省有关工程档案教育培训，查阅了有关工程建设项目档案管理工作法规和参考文献，参考和借鉴相关精品工程、示范工程、广东省重大建设项目档案金册奖工程等的项目档案质量管理经验，通过查阅和分析大量的工程违法违纪案例、质量安全事故调查报告（通报）和事故案判决以及相应行政处罚决定书等，总结和分析水利工程建设项目档案与质量安全廉政的关系及其必要性和重要性，提出了工程建设项目档案质量标准、质量要求和内涵，以及外在规范、内在质量含义和要求。针对当前工程建设项目档案内在质量存在的问题，分析其原因，提出了工程建设项目档案工作规划和档案管理工作报告的编制要求，以及水利工程建设项目档案质量管理的建议，总结项目档案管理实践实例，拓宽档案内在质量控制在面向行政管理、建设、勘察、设计、施工、监理等单位（部门）的应用，改变档案质量管理的传统理念，转向落实各参建单位和工程技术人员按照建设管理程序、工程技术规程规范编制形成并及时报送项目文件的责任管理。2019年4月完成了《水利工程建设项目档案内在质量的研究》报告，于2019年9月16日通过了广东省档案局评审结题验收，并获得了科学技术成果鉴定证书，成果水平为国内领先。根据科研课题评审专家的建议，科研课题组成员继续开展调研、学习和总结以及研究成果推广应用工作，撰写了本书，旨在供水利工程建设项目行政管理部门、档案管理部门、建设、勘察、设计、监理、施工、检测、安全监管和质量监督等单位工程技术人员和档案管理人员学习和参考，希望能够抛砖引玉，为大家带来一定借鉴和启发，助推水利工程建设项目档案管理工作，对提高水利工程建设项目档案管理工作质量起到有益的引导作用。

鉴于研究过程中收集的案例、案卷、图表及照片等均来源于互联网网站、新媒体、报刊、文件、会议等公开发布的资料，收集整理的未公开发布的工程建设项目档案资料，涉及当事单位、印章、工程名称和当事人姓名，为保护当事单位和相关人员的版权和隐私，略去了项目案例和档案案卷图片。

在本书撰写过程中，各级档案行政管理部门、水行政主管部门、建设单位、参建单位以及工程技术人员和档案管理人员给予了大力支持和指导，并提供了大量的素材，同时给予了许多帮助和指导性建议。在此，表示衷心的感谢！

限于作者的实践范围、知识水平、工作能力、思考深度和研究广度，书中疏漏、不足之处在所难免，恳请读者批评指正。

潘运方

2020年10月

目录

第1章

绪　　论

1.1　水利工程建设项目档案

1.1.1　工程建设项目概念及范围

1. 工程建设项目概念

按照《工程造价术语标准》（GB/T 50875—2013）第2.1.6款，建设项目是指按一个总体规划或设计进行建设的，由一个或若干个互有内在联系的单项工程组成的工程总和。

按照《建设项目档案管理规范》（DA/T 28—2018）第3.1款，建设项目是指建筑、安装等形成固定资产的活动中，按照一个总体设计进行施工，独立组成的，在经济上统一核算、行政上有独立组织形式、实行统一管理的单位。

工程建设项目是以工程建设为载体的项目，是作为被管理对象的一次性工程建设任务。它以建筑物或构筑物等为目标产出物，需要支付一定的费用，按照一定的程序在一定的时间内完成，并应符合相关质量要求。工程建设项目，具体是指按照一个建设单位的总体设计要求，在一个或几个场地进行建设的所有工程项目之和，其建成后具有完整的系统，可以独立形成生产能力或者使用价值。

2. 工程建设项目范围

（1）关系到社会公共利益、公众安全的基础设施项目的范围包括：

1）煤炭、石油、天然气、电力、新能源等能源项目。

2）铁路、公路、管道、水运、航空以及其他交通运输业等交通运输项目。

3）邮政、电信枢纽、通信、信息网络等邮电通信项目。

4）防洪、灌溉、排涝、引（供）水、滩涂治理、水土保持、水利枢纽等水利项目。

5）道路、桥梁、地铁和轻轨交通、污水排放及处理、垃圾处理、地下管道、公共停车场等城市设施项目。

6）生态环境保护项目。

7）其他基础设施项目。

（2）关系到社会公共利益、公众安全的公用事业项目的范围包括：

1）供水、供电、供气、供热等市政工程项目。

2）科技、教育、文化等项目。

3）体育、旅游等项目。

4）卫生、社会福利等项目。

5）商品住宅，包括经济适用住房。

6）其他公用事业项目。

工程建设项目不局限于上述水利工程、房屋建筑、道路交通工程、铁路工程、市政工程、绿化工程等，还包括自动控制系统、监测监控系统、软件开发、办公自动化系统、档案管理系统等建设项目。

1.1.2 水利工程建设项目概念及范围

1. 水利工程建设项目概念

《水利工程建设项目管理规定（试行）》（1995 年 4 月 21 日水利部水建〔1995〕128 号发布，根据 2014 年 8 月 19 日《水利部关于废止和修改部分规章的决定》第一次修正，根据 2016 年 8 月 1 日《水利部关于废止和修改部分规章的决定》第二次修正）第二条：本管理规定适用于由国家投资、中央和地方合资、企事业单位独资或合资以及其他投资方式兴建的防洪、除涝、灌溉、发电、供水、围垦等大中型（包括新建、续建、改建、加固、修复）工程建设项目，小型水利工程建设项目可以参照执行。

《水利工程建设程序管理暂行规定》（1998 年 1 月 7 日水利部水建〔1998〕16 号发布，根据 2014 年 8 月 19 日《水利部关于废止和修改部分规章的决定》第一次修正，根据 2016 年 8 月 1 日《水利部关于废止和修改部分规章的决定》第二次修正，根据 2017 年 12 月 22 日《水利部关于废止和修改部分规章的决定》第三次修正）第三条：本暂行规定适用于由国家投资、中央和地方合资、企事业单位独资或合资以及其他投资方式兴建的防洪、除涝、灌溉、发电、供水、围垦等大中型（包括新建、续建、改建、加固、修复）工程建设项目。小型水利工程建设项目可以参照执行。

《水工程建设规划同意书制度管理办法（试行）》（2007 年 11 月 29 日水利部令第 31 号发布，根据 2015 年 12 月 16 日《水利部关于废止和修改部分规章的决定》第一次修正，根据 2017 年 12 月 22 日《水利部关于废止和修改部分规章的决定》第二次修正）第二条：在江河、湖泊上新建、扩建以及改建并调整原有功能的水工程，适用本办法。本办法所称水工程，是指水库、拦河闸坝、引（调、提）水工程、堤防、水电站（含航运水电枢纽工程）等在江河、湖泊上开发、利用、控制、调配和保护水资源的各类工程。

《水利工程建设项目招标投标管理规定》（2001 年 10 月 29 日水利部令第 14 号发布）第三条：符合下列具体范围并达到规模标准之一的水利工程建设项目必须进行招标。（一）具体范围：1. 关系社会公共利益、公共安全的防洪、排涝、灌溉、水力发电、引（供）水、滩涂治理、水土保持、水资源保护等水利工程建设项目；2. 使用国有资金投资或者国家融资的水利工程建设项目；3. 使用国际组织或者外国政府贷款、援助资金的水利工程建设项目。

水利工程建设项目是水利行业或水利系统内的各类工程建设项目统称，包括新建、改建、扩建和技术改造项目。

2. 水利工程建设项目范围

水利工程建设项目范围主要包括：水库、拦河闸坝、引（调、提）水工程、堤防、水电站（含航运水电枢纽工程）等在江河、湖泊上开发、利用、控制、调配和保护水资源的各类工程（包括新建、续建、改建、加固、修复）建设项目。此外，还包括：水库移民安置、滩涂治理、农村饮水安全、水土保持、山洪灾害防治、地下水监测、水文、水资源监控能力建设、防汛防旱防风系统、监测监控系统、电子政务系统、办公自动化系统、档案管理系统、水利科技创新、水利工程维修养护、白蚁防治、设施设备采购及维护、政务信息化服务等建设项目。

1.1.3 工程建设项目档案概念

1988年3月17日，国家档案局、国家计划委员会印发的《基本建设项目档案资料管理暂行规定》（国档发〔1988〕4号）第二条：基本建设项目档案资料是指在整个建设项目从酝酿、决策到建成投产（使用）的全过程中形成的、应当归档保存的文件，包括基本建设项目的提出、调研、可行性研究、评估、决策、计划、勘测、设计、施工、调试、生产准备、竣工、试生产（使用）等工作活动中形成的文字材料、图纸、图表、计算材料、声像材料等形式与载体的文件材料。

2006年6月14日，国家档案局、国家发展和改革委员会印发的《重大建设项目档案验收办法》（档发〔2006〕2号）附件第三条：工程建设项目档案（也简称为项目档案）是项目建设、管理过程中形成的具有保存价值的各种形式的历史记录。

《建设项目档案管理规范》（DA/T 28—2018）第3.6款，项目文件是指在项目建设全过程中形成的文字、图表、音像、实物等形式的文件材料。即指工程建设项目在立项、招标投标、勘察、设计、设备材料采购、施工、监理、检测、试生产及竣工验收等建设过程中形成的文字、图表、音像、实物等形式的文件，包括纸质文件、实物（如奖牌、奖杯、锦旗、证书等）和项目电子文件等。

《建设项目档案管理规范》（DA/T 28—2018）第3.12款，项目电子文件指在数字设备及环境中生成，以数码形式存储于磁带、磁盘、光盘等载体，依赖计算机等数字设备阅读、处理，并可在通信网络上传送的记录和反映项目建设和管理各项活动的文件，包括文本电子文件、图像电子文件、图形电子文件、视频电子文件和音频电子文件等。

《建设项目档案管理规范》（DA/T 28—2018）第3.14款，项目档案是指经过鉴定、整理并归档的项目文件；按照《建设项目档案管理规范》（DA/T 28—2018）第3.15款，项目电子档案指项目建设过程中产生的、具有保存价值并归档保存的一组有联系电子文件及其相关过程信息的集合。项目档案包括纸质档案、实物档案和项目电子档案等。

综上所述，结合档案有关政策规定、规程规范中对项目档案的定义，项目档案是指工程建设项目在提出、立项、审批、招投标、勘察、设计、生产准备、施工、监理、验收等工程建设及工程管理过程中经过鉴定、整理、归档后形成的对国家、社会和工程有保存价值的各种文字材料、图纸、图表、电子、声像等不同形式和载体的各种历史记录。

工程建设项目档案资料是项目文件和项目档案的统称，即工程建设项目的项目文件和项目档案均可称为档案资料。

1.1.4 水利工程建设项目档案概念

《水利工程建设项目档案管理规定》（水办〔2005〕480号）第二条：水利工程建设项

目档案是指在水利工程建设项目建设过程中形成的、能够真实反映项目建设全过程、对项目运行和管理具有重要查考价值、并经过系统整理的各类不同载体形式的历史记录。即是指在水利工程建设全过程中形成的具有保存价值的文字、图表、音像、实物等各形式和载体，经过鉴定、整理并归档的项目文件。

项目档案是由建设单位（即项目法人、业主、发包人的统称，下同）、监理单位和各参建单位共同形成的，是整个工程建设的真实记录，是印证工程（项目）建设整个过程的原始凭证，是对工程建设项目进行稽查、审计、监督、管理、验收以及运行、维护、改建和扩建的重要依据，贯穿于建设工程全过程。始于建设工程立项，贯穿于审批、招标、投标、勘测、设计、施工、运营、结算、验收、审计等全过程。

项目档案是水利工程建设项目建设的重要组成部分，是项目建设和管理的真实记录，为项目建设、运行维护和管理提供重要依据，同时也为各类监管、验收、稽查、审计等提供不可或缺的档案保障。

1.2 工程建设项目档案必要性

许多档案书籍和文献都论述了工程建设项目档案的必要性，归纳主要有以下几方面。

1.2.1 执行档案法律法规与制度标准的强制性要求

《中华人民共和国档案法》、《中华人民共和国建筑法》、《中华人民共和国民法典》、《中华人民共和国审计法》、《中华人民共和国档案法实施办法》、《建设工程质量管理条例》（国务院令第279号）、《建设工程安全生产管理条例》（国务院第393号令）、《国家档案局 国家发展和改革委员会关于印发〈重大建设项目档案验收办法〉的通知》（档发〔2006〕2号）、《关于印发水利工程建设项目档案验收管理办法的通知》（水办〔2008〕366号）、《关于印发水利工程建设项目档案管理规定的通知》（水办〔2005〕480号）、《水利部关于印发〈水利科学技术档案管理规定〉的通知》（水办〔2010〕80号）、《国家档案局 国家发展和改革委员会关于印发〈建设项目电子文件归档和电子档案管理暂行办法〉的通知》（档发〔2016〕11号）、《国家档案局 水利部 国家能源局关于印发〈水利水电工程移民档案管理办法〉的通知》（档发〔2012〕4号）、《中共中央办公厅 国务院办公厅印发〈关于加强和改进新形势下档案工作意见〉的通知》（中办发〔2014〕15号）、《建设项目档案管理规范》（DA/T 28—2018）、《建设工程文件归档规范》（GB/T 50328—2019）、《电子文件归档与电子档案管理规范》（GB/T 18894—2016）、《建筑工程资料管理规程》（JGJ/T 185—2009）和《建设电子文件与电子档案管理规范》（CJJ/T 117—2017）等法律法规和制度标准，均对工程建设项目的项目文件或项目档案提出了强制性要求。

依据《中华人民共和国标准化法》规定，对保障人身健康和生命财产安全、国家安全、生态环境安全以及满足经济社会管理基本需求的技术要求，应当制定强制性国家标准。按照《水利标准化工作管理办法》要求，法律、法规和国务院决定的工程建设、环境保护等领域，可以制定强制性行业标准和地方标准。目前水利行业强制性标准分为全文强制和条文强制两种形式，标准的全部技术内容需要强制时，为全文强制形式；标准中的部分技术内容需要强制时，为条文强制形式，即强制性条文。水利工程建设标准强制性条文是直接涉及人的生命财产安全、人身健康、水利工程安全、环境保护、能源和资源节约及其他公众利益，且必须执行的技术条款。

《水利工程建设标准强制性条文（2020年版）》（水利部水利水电规划设计总院发布）共涉及94项水利工程建设标准、557条强制性条文。水利工程建设标准强制性条文的发布与实施是水利部贯彻落实国务院《建设工程质量管理条例》和水利部“水利工程补短板，水利行业强监管”水利改革发展总基调的重要举措，是水利工程建设全过程中的强制性技术规定，是参与水利工程建设活动各方必须执行的强制性技术要求，也是对水利工程建设实施政府监督的技术依据。这也是《建设项目档案管理规范》（DA/T 28—2018）第4.5款：项目档案应完整、准确、系统、规范和安全的要求，保证项目文件和项目档案的规范要求。因此，水利工程建设管理中，建设单位（法人）和各参建单位应在管理体系中明确设置执行、检查强制性条文的环节和要求，并在项目实施工程中开展对照检查，水利工程监督机构在对项目开展安全质量监督的同时，同步对项目建设安全质量执行强制性条文的情况开展监督，确保项目文件和项目档案达到质量标准要求。

1.2.2 贯彻落实国务院质量发展纲要的需要

按照《国务院关于印发质量发展纲要（2011—2020年）的通知》（国发〔2012〕9号）、《国务院办公厅关于印发质量工作考核办法的通知》（国办发〔2013〕47号）、《水利部关于印发贯彻质量发展纲要提升水利工程质量的实施意见的通知》（水建管〔2012〕581号）、《水利部关于印发水利建设质量工作考核办法的通知》（水建管〔2014〕351号）、《水利部办公厅关于印发2014—2015年度水利建设质量工作考核评分细则的通知》（办建管〔2015〕79号）、《水利部关于印发水利建设质量考核（现场抽查）评价办法（试行）的通知》（水监督〔2020〕51号）、《广东省人民政府关于开展地级以上市人民政府质量工作考核的通知》（粤府函〔2014〕124号）、《广东省人民政府办公厅关于开展广东省质量提升行动的指导意见》（粤府办〔2015〕41号）、《中共广东省委 广东省人民政府关于实施质量强省战略的决定》（粤发〔2016〕9号）、《关于印发广东省水利厅关于水利工程建设质量管理的实施规定》的通知（粤水安监〔2014〕16号）、《广东省水利厅关于水利工程建设质量终身责任的管理办法（试行）》（粤水规范字〔2018〕1号）等文件要求，逐级开展对产品质量、工程质量、服务质量进行考核。例如，国务院对各省（自治区、直辖市）人民政府，国务院各部委、直属机关进行考核；水利部对各流域机构，各省（自治区、直辖市）水利（务）厅（局），各计划单列市水利（务）局，新疆生产建设兵团水利局进行考核；广东省人民政府对各地级以上市人民政府，省政府各部门、各直属单位，中直驻粤机构进行考核；广东省水利厅对各地级以上市水务局，厅直属单位进行考核，等等。

例如，《水利部关于印发水利建设质量工作考核办法的通知》（水建管〔2014〕351号）中要求，考核工作组通过现场核查和重点抽查等方式，对各省级水行政主管部门水利建设质量工作情况进行考核评价，其中水利建设质量工作总体情况得分占考核总分的60%；选取4个在建工程项目，对项目质量工作进行考核评价，得分占考核总分的40%。

考核结果经水利部审定后，通报各省级水行政主管部门，抄送各省（自治区、直辖市）人民政府，并向社会公告。该文件附件2：水利建设质量工作项目考核要点，包括了项目法人质量管理、勘察设计质量保证、施工质量保证、监理质量控制、质量检验评定、工程验收、质量事故应急处置、质量监督管理等8项考核指标，每项考核指标分别由具体的3～5项考核要点。对在建工程项目的考核要点，实际上就是通过查阅工程建设项目实施过程中建设单位和各参建单位的形成的项目文件或项目档案对工程项目进行考核。如存在质量制度不完善、责任不明确，参建单位人员不到位、服务不及时，相关手续不办理、不规范，资料不齐全、不完整、不真实，设计现场工作记录、监理日志记录和质量事故应急处理记录资料不完整等情况，均需扣分。

因此，项目档案是水利工程建设质量管理的需要，是贯彻质量发展纲要提升水利工程质量的需要，也是水利行业贯彻落实国务院质量发展纲要的需要。

1.2.3 工程建设历史见证和运行管理的需要

工程建设项目档案是由建设单位、监理单位和各参建单位共同形成的，是整个工程建设的真实记录，是印证工程建设整个过程的原始凭证，是对建设项目进行稽查、审计、监督、管理、验收以及运行、维护、改建和扩建的重要依据。

例如：东深供水工程动工、改扩建历程[1]。东深供水工程于1964年2月20日动工兴建，1965年1月建成，同年3月1日供水。工程投资3584万元，比原计划节约200多万元，年供水能力6820万m^3。为满足香港、深圳和东莞等地用水需求，东深供水工程曾先后进行了三次扩建和一次改造。

第一期扩建：1974年3月至1978年9月，工程投资1483万元，年供水量达2.88亿m^3，其中对港年供水量增至1.68亿m^3。

第二期扩建：1981年10月至1987年10月，工程共投入2.7亿元，年供水量达8.63亿m^3，其中对港年供水量增至6.2亿m^3。

第三期扩建：1990年9月动工，1994年1月通水。工程总投资16.5亿元，年供水量达17.43亿m^3。

东深供水改造工程：2000年8月28日开工兴建，2003年6月28日完工通水。工程总投资49亿元，年设计供水量24.23亿m^3。

东深供水改造工程全长51.7km，设计年供水量24.23亿m^3，设计流量100m^3/s，建设计划总投资49亿元（含沙湾隧洞2亿元），设计工期3年半。于2000年8月28日正式开工建设，2003年6月28日全线提前完工对港供水并交付广东粤港供水有限公司投入运行管理。工程建设实际总投资比计划总投资节省7.68亿元（不含沙湾隧洞工程部分）。2004年6月9日通过广东省档案局项目档案专项验收，2004年6月22日通过竣工初步验收，2006年6月20日通过了广东省审计厅的竣工决算审计，2006年7月5日通过了广东省发展和改革委员会主持的竣工验收。东深供水改造工程共获得20项荣誉证书，其中国家级4项，省部级7项，厅级9项。主要有：2004年度中国建筑工程鲁班奖、第五届詹天佑土木工程大奖、2005年大禹水利科学技术奖、2006年中国水利工程优质（大禹）奖、新中国成立60周年百项经典暨精品工程，广东省委、省政府授予的“模范工程建设指挥部”称号，广东省政府授予的“模范建设工程”称号，广东省纪委、监察厅授予的“廉洁工程”称号，广东省科学技术特等奖，广东省先进集体等。人民日报、中央电视台等新闻媒体先后以《大型工程建设的一面旗帜》《廉洁工程》《阳光工程》等为题，专题报道了东深供水改造工程的建设管理经验。广东省委、省政府为推广东深供水改造工程建设管理经验先后两次召开现场会和经验报告会，并专门出版了《广东省东深供水改造工程建设管理规范——大型工程建设指引》《大型工程建设的一面旗帜》等专辑。

2015年5月28日，广东省人民政府、香港特别行政区政府在香港特别行政区政府总部举行东江水供港50周年纪念仪式，重温当年东江水供港历史，深情回顾东深供水工程对促进香港繁荣稳定所发挥的无可替代的历史性贡献。广东省水利厅撰写的《悠悠东江润紫荆——写在东深供水工程对港供水50年之际》分别在南方日报、人民网、共产党员网、南方网、网易、凤凰网、中国新闻网、新浪、香港海外网、中国网、广东广播电视网、中国西藏网、解放网和搜狐等媒体报道或转载。同时南方日报刊发了“追溯供港水——东深工程对港供水五十周年”专题5个：《没有东江水，香港历史可能被改写》（《南方日报》2015年5月19日A03版）、《东深供水工程：供港水凝聚祖国的深情呵护》（《南方日报》2015年5月21日A05版）、《供港水背后：沿线城市为保生态付出巨大努力》（《南方日报》2015年5月26日A04版）、《供港水是生命水、政治水、经济水》（《南方日报》2015年5月28日A05版）、《一泓东江水50年粤港情》（《南方日报》2015年5月29日A02版）。

东深供水改造工程历次改扩建，每一次设计均在上一次设计成果和运行管理及需求的基础上进行，每一次改扩建的建设管理均是参照上一次建设管理模式，与时俱进，遵守当时的工程建设管理政策法规，创新建设管理模式，从而在东深供水改造工程建设管理中取得优异成绩，并持续运行发挥了政治、经济、社会和工程的显著效益。

1.2.4 促进工程建设质量和安全的需要

积极推进工程建设项目档案工作的制度化、规范化、科学化和现代化管理，做到工程建设与档案管理同步进行，形成真实、准确、完整的工程档案，是维护工程建设各方合法权益的法律依据，从而促进工程建设顺利开展，提升工程质量和确保工程安全。

例如，荣获2014年广东省重大建设项目档案金册奖的仁化县湾头水利枢纽工程，主要由泄水闸、船闸、水电站及左右岸连接坝段等组成，水库总库容9620万m^3，总装机容量3万kW。2009年1月1日开工建设，2010年6月20日首台机组投产发电，2010年10月第二、第三台机组相继投产发电并全面具有防洪功能，比设计工期提前半年完工，实现了高速度、高效率、高质量和零事故、零上访、零伤亡。2014年4月广东省档案局组织了该项目档案专项验收并印发仁化县湾头水利枢纽工程档案验收意见：领导重视，目标明确，同步管理，收集齐全，整理规范，手续完备，工程档案实体和信息得到安全保管，项目档案评定为优秀等级。目前，该工程运行近10年，未发生质量安全事故，运行良好，发挥了社会经济和防洪安全等综合效益。其中主要因素是项目档案管理工作确实到位，措施可行，其项目档案促进了工程建设顺利开展、提升了工程质量和确保了工程安全。

实践证明，做好优质的项目档案，有利于推进工程建设进度，有利于保证工程质量安全，有利于有效控制工程投资，有利于工程提前发挥效益，有利于建设廉政工程项目，有利于造就一批技术骨干。

1.2.5 从严治党、依法治国和反腐倡廉工作的需要

当前，工程建设领域是腐败的重要滋生地之一，是各种腐败行为的高发区，工程建设领域的不正之风和腐败问题一直是社会各界关注、广大群众反映比较强烈的热点之一，是党中央反腐倡廉工作中特别关注的重点地带，也是各级党委政府和纪检监察部门反腐倡廉工作的重点工作。工程建设领域涵盖了工程建设管理的方方面面，涉及面广，涵盖部门单位多，特别是大型工程项目建设周期长，工程量大，技术含量高，投资颇大；涉及工程建设领域的全过程和各个主要环节，一个工程建设项目从立项审批、规划管理、土地出让、规划、设计、征地、拆迁、招标投标到建设施工、监理、质量管理、质量监督、材料和重要设备采购、设计变更、计量支付、工序或阶段验收、资金使用、结算、决算到最后竣工验收，每一个环节很容易成为滋生腐败的土壤，涉及的每一部门单位和环节都有产生腐败的机会和条件，都可能发生违法违纪案件，而工程招投标及工程现场管理又普遍被认为是工程建设领域反腐的源头和关键环节。项目腐败现象的性质主要是以权谋私、违规操作、贪污受贿和失职渎职。

工程建设领域违纪违规问题，其重点问题是在工程项目中违反招投标规定，规避招标、肢解工程、违法发包、围标串标、串通泄标底，以及招投标多头监管、领导干部插手干预招投标、违规补办招投标手续；违反基本建设程序、不依法办理土地使用、规划许可、施工许可、竣工验收备案；对依法办事百般刁难、处处设卡；建设过程中不按规定程序操作、不按规章制度办事、偷工减料、粗制滥造、降低工程及设备材料质量等级以劣充优、变相设计变更、以不合法理由抬高决算造价、放松工序或阶段验收、违规审查工程款结算；监督不严，惩处不力；行政执法不严，违反政策“开绿灯”和不作为、乱作为，以及不执行、不落实行政监督执法指令或意见等突出违纪违规问题。上述问题，或多或少反映在项目文件或项目档案中。

若工程建设项目如果确实存在违法违纪，那么迟早会被发现。其被发现缘由：一是发生工程安全、质量事故，事故调查组查勘现场和查阅项目文件或项目档案；二是项目检查、稽查、验收、决算和审计等查阅项目文件或项目档案和察看工程现场；三是接到举报投诉后开展调查；四是受到其他案件牵连，调查该建设项目。事故、案件调查必需的方式之一就是查阅工程建设项目档案。

分析工程建设领域违法违纪案件的特点和规律，有效地防范工程建设领域的腐败风险，确保工程安全，资金安全，人员安全，对进一步加强项目档案的管理，预防腐败具有积极的意义。

工程项目档案为从严治党、依法治国和反腐倡廉提供原始凭证的需要，是维护法律法规尊严的需要。原始凭证不规范，易滋生腐败，也容易导致失职、渎职。

项目法人及各参建单位的建设项目档案管理不规范，其相对应的必然是项目建设管理不规范，两者之间关系密切。如果项目法人及各参建单位的建设项目档案管理符合规范要求，那么项目建设管理就可能基本规范。其实，认真做好工程建设档案管理工作是规范工

程建设管理的突破口，是工程建设管理规避违法违规的重要手段和技术保障。

1.3 工程建设项目档案重要性

工程建设项目档案是整个工程的最真实的见证和反映，真实记录了工程建设全过程的原始完整信息，极具存储价值。项目档案从它实体存在和形成过程就决定了它具有原始记录性、信息性和知识性，具有唯一性、同步性，一旦错失便不可复有。因此，项目档案的凭证和参考价值才弥足珍贵，这就是档案为何如此重要的原因。有关档案书籍和很多文献都论述了工程建设项目档案重要性，归纳主要有如下几点。

1.3.1 工程建设项目全生命周期的基础信息资源

工程建设项目全生命周期一般包括批准立项、勘察设计、招投标、施工、验收、营运等阶段，工程建设项目档案包括了从立项、勘察、设计、招投标、施工至竣工验收全过程中形成的应当归档保存的文件材料，包括文字材料、图纸、图表、计算材料、科研文件、声像、实物材料等各种形式与载体的文件材料。工程项目档案作为记录工程建设全过程的真实反映，是行政管理人员、工程技术人员和档案管理人员等按照相关法规、政策、标准、规范的规定如实填写形成、妥善保存并归档的凭证和证据，它以自身真实、准确、完整、翔实的特色再现了整个工程建设和管理过程的全貌，可以起到溯本追源的作用，是工程建设项目全生命周期基础信息资源。

1.3.2 工程建设项目质量终身责任制的重要凭证

百年大计，质量第一，建设工程质量事关人民群众生命财产安全、事关社会和谐稳定。根据《建设工程质量管理条例》（国务院令第 279 号）、《国务院办公厅关于促进建筑业持续健康发展的意见》（国办发〔2017〕19 号）、《水利工程质量管理规定》（1997 年水利部令第 7 号发布，2017 年修正）、《水利部关于印发贯彻质量发展纲要提升水利工程质量的实施意见的通知》（水建管〔2012〕581 号）、《广东省人民政府关于建设质量强省的决定》（粤府〔2013〕96 号）、《中共广东省委 广东省人民政府关于实施质量强省战略的决定》（粤发〔2016〕9 号）等有关规定，工程建设项目的项目法人（建设单位）、勘察、设计、施工、监理、质量检测等单位，以及建筑材料、建筑构配件、设备的生产和供应单位均是建设质量责任主体，建设质量责任主体的工作人员（法定代表人、项目负责人、项目技术负责人和其他工作人员），在工程设计使用年限内依法承担质量终身责任。县级以上建设行政主管部门和其他有关部门是建设工程质量监督管理的主体，其负责人及工作人员依法承担工程质量监督管理的责任。工程质量终身责任制，强化了责任主体意识，规范了各方责任主体的质量行为，自觉加强了工程质量管理，有利于严格落实各方责任主体质量责任，不断提升建设工程质量水平，而项目档案既能体现工程实体安全质量状况、项目过程管理与全面控制情况，也可以实现质量责任可追溯，通过建设项目档案管理的工作，不仅是对项目建设全过程中所有档案资料的形成、收集、整理、归档，还是通过从项目文件管理的规范化和系统化透视工程质量综合评估，更是追溯社会责任的有效证据。因此，项目档案是质量保证的重要依据之一，是工程建设项目质量终身责任制的重要凭证。

1.3.3 工程建设项目对法律、法规和标准执行情况的体现

工程建设项目档案在形成、整理、归档时按照法规就是档案，能够比较真实地记载事件发生的全过程，可以作为今后证实某一事实的依据，具有凭证和证据等档案作用。工程建设项目档案内容齐全、真实、准确，与工程实物相符合，以及竣工图图样清晰，图表整洁，签章手续完备等，均能有力地印证工程建设项目严格执行国家有关法律、法规和标准规定的内容和程序，体现了项目参建单位对工程建设相关的法律、法规、标准、规范的执行情况，特别是强制性标准的执行情况。同时，项目档案积累了建设工程全过程重要而丰富的信息资源，提供了工程建设获得荣誉和奖项必不可缺少的资料。

1.3.4 工程建设项目质量和安全的直接依据

《建设工程质量管理条例》把工程建设项目档案管理列入工程质量管理的重要内容，以行政法规条文的形式确立了建设项目档案在工程质量管理中的重要地位。工程质量管理的核心和工程建设安全的根本之一就是落实质量终身责任制，而项目档案是质量责任落实情况的全面记载，项目档案管理的过程，就是对工程质量实施记录、监测、监督、验收等的具体过程体现，是工程质量管理和安全管理最基础、最有效的环节。

项目档案同时是反映工程实体最终成果的重要依据，项目档案反映了参建单位工程建设工作质量的具体表现，是工程建设过程中的各项活动的客观记录，反映工程建设各个环节的内在联系和本质规律，具有真实性、原始性和唯一性，是项目质量和安全的决定性依据，并提供了直接、真实、确凿的法律依据。设计、施工技术和管理水平直接决定工程建设项目质量的好坏、安全与否，而工程中形成的档案是评定工程质量优劣、结构及安全可靠程度，认定工程质量等级的必要条件。在施工过程中产生的原始记录、凭证等是反映工程建设项目质量和安全最直接的依据，建立一套真实、完整、齐全的工程建设项目档案能有效促进工程质量，确保工程安全和建设生产安全。

1.3.5 工程建设项目安全保障、风险规避的有效措施

健全、完善的工程建设项目档案可以督促单位和个人按照标准、规范和规程进行工作。“工程项目文件或项目档案不符合有关规定和要求的，不得进行工程竣工验收”，这一规定为工程建设项目的安全增加一道保障，而项目档案作为工程建设的原始记录，与质量、安全、进度、费用等息息相关。众所周知，只要工程出现质量、安全问题或重大事故，或者稽查、审计、验收、结算、决算等发现问题，开展后续工作的首要工作，就是查阅项目档案资料（项目档案或项目文件），据此追查其中的原因。因为项目档案资料是工程建设各项活动的真实记录，具有原始性、真实性和唯一性，是工程建设活动的直接产物，能够全面、综合地反映工程建设全过程、每一流程和每一环节。因此，项目档案既是行政主管部门、工程管理单位、参建单位和每一参建人员履行岗位职责的法律安全保障，同时也是工程建设项目风险规避的有效措施。

例如，2015年6月19日凌晨3时17分，粤赣高速公路北行河源城南出口匝道发生塌

桥事故，4 辆大货车坠落，造成 1 人死亡、4 人受伤，直接经济损失 868 万元（图 1.1 和图 1.2）。事故发生后，有些媒体和网络舆情对桥梁质量提出了质疑。究竟是重型货车压垮桥墩还是桥墩本身质量存在问题？2015 年 10 月 15 日，河源市人民政府公布了《河源市“6・19”粤赣高速公路河源城南出口匝道塌桥一般事故调查报告》，事故调查组按照“四不放过”和“科学严谨、依法依规、实事求是、注重实效”的原则，经过现场勘查、调查取证、技术鉴定，查明了事故的主要原因是车辆严重超载超限。事故调查报告中的技术鉴定情况：“对事故匝道桥梁设计、施工情况，经广东省交通运输工程质量监督站核查，事故匝道桥梁的墩柱、箱梁等主要构件的混凝土强度、箱梁纵向预应力钢筋数量，立柱主筋数量、立柱和箱梁主要钢筋尺寸、重量级力学性能等主要指标均符合设计要求；结构尺寸、

图 1.1　河源市“6・19”粤赣高速公路河源城南出口匝道塌桥现场全局图

图 1.2　河源市“6・19”粤赣高速公路河源城南出口匝道塌桥现场细部图

所检支座尺寸和支座垫石横向位置等指标基本与设计相符；施工、监理单位对该桥自检和抽检质量评定程序完善，施工及质量检验资料完整、数据齐全，签认手续齐全；桩基无损检测报告显示，桩基质量满足设计要求；竣工鉴定质量等级为合格；桥梁定期检查结果显示，该桥技术状况良好。”[2]该事故调查报告的“对事故有关责任人员及责任单位的处理情况及建议”中，没有该桥梁的建设行政主管部门及建设、勘察、设计、施工、监理、检测、材料供应、质量安全监督等单位及参建人员。该桥梁的工程实体和项目档案为桥梁参建单位和参建人员提供了安全保障。

由此可见，工程建设项目档案通过详细记录了工程建设全过程、每一流程和每一环节，同时也详细记录并反映了工程建设行政主管部门及建设、勘察、设计、施工、监理、检测、材料供应、质量安全监督等各主体真实行为，在上述工程事故的调查中，正是由于工程项目档案完备，内在质量规范，因此在责任界定中，为建设主体各方提供了有力的证据，得到了法律安全保障。

1.3.6 工程运行、检查、维修、管理、鉴定和改扩建的重要依据

工程建设项目档案为工程运行、管理提供最权威的参考资料，对工程建设后的维修、改建、扩建等具有科学的指导作用，提供了建设工程运行、检查、维修、管理、鉴定、改扩建的重要参考、借鉴和依据，同时也为消防、应急预案和应急抢险等提供综合服务。在工程建设项目完成投入使用的过程中，工程运行、检查、维修、管理、鉴定等活动都需要项目档案作为技术资料支撑，如需进行改建或者扩建、拆除等，项目档案是这些活动的重要依据，具有重要的利用价值和指导作用，同时也为后续设计、施工、管理以及工程科学技术研究等提供借鉴，提升了工程建设的效率，提高了社会经济效益。项目档案还能为同类型工程建设项目提供技术成果借鉴和经验参考，同时，项目档案也是发生自然灾害造成建设物毁灾性与破坏性后灾后重建或维修的重要参考依据。因此，建立一套从项目立项到项目验收全过程环节的完整、准确、齐全的项目档案不仅能为工程建设和管理提供保障和服务，而且还能对工程建成后的运行、检查、维修、管理、鉴定和改扩建等方面提供可靠有力的依据凭证和信息支撑。

1.3.7 工程建设项目合同纠纷、索赔与反索赔的重要凭证

建设项目档案形成于工程建设过程中的各种文件、记录、签证等原始记录，记录了工程建设原始真实全过程。这些原始记录是形成者单位履行职责成果，也是建设项目建设和管理活动中建设单位、设计单位、施工单位、监理机构以及自然人等法律主体之间的交互的成果，是原始记录的形成者、参与者和接收者等多个法律主体交互叠加和迭代后的成果，保存场所因为形成、归档和利用关系的变化也在相关法律主体之间交互变化。因此，原始记录成为各个法律主体之间履行合同的凭证和证据，是分辨事实、查证疑案、处理问题的依据。

工程建设项目档案是维护自身合法权益的有力武器，是合同纠纷、索赔与反索赔的重要凭证和依据。通过有效的档案管理，可以完整保存与合同相关的证据材料。如果纠纷一旦发生，可以及时运用档案记载的内容信息，依法维护自身的权益。

1.3.8 工程建设项目事故责任判定和补救措施的重要依据

工程建设项目质量安全事故调查，通常方法之一是查阅工程项目档案资料，其一是项目前期工作文件，核查工程建设是否合法合规，建设管理程序手续是否齐全；其二是合同文件，核查设计合同、监理合同、工程承包合同、设备器材购销合同、材料供应合同、招标代理协议、劳动用工合同等是否合法合规，甲乙双方是否按照合同条款实施；其三是工程技术档案资料，主要包括建设管理文件、勘察设计文件、施工文件、监理文件、工艺设备材料文件、科研项目文件、试生产文件材料、验收文件材料、维护检修记录等，核查建设管理是否缺失、不力，勘察成果是否准确，设计是否存在问题或缺陷，施工是否偷工减料、现场安全生产管理是否不到位，监理监督管理是否不到位，设备材料是否以次充好，验收是否走过场，等等。

通过调阅工程建设项目档案，可以查证责任主体是否合法合规履行岗位职责，追溯产生质量安全事故的直接原因和间接原因的线索，结合现场勘察、调查取证（包括事故当事人的问询取证）、收集相关书证物证、检测鉴定、研究试验、专家论证、综合分析等程序，以此作为判定责任和采取补救措施的重要依据。因此，工程建设项目档案促进了工程建设的规范管理，对全面鉴定工程质量安全、查明建设过程中和投入使用后发生事故的原因，追究事故责任并科学地进行补救提供了重要的依据。

1.4 工程建设项目成果与项目档案关系

1.4.1 工程建设项目成果

目前，国内外通常将项目档案定位为仅仅是工程建设成果的一部分，具有一定的局限性，没有揭示项目档案的实质。如从突破传统研究视角和研究领域的束缚，以新时代新要求新观念为基础，结合工程建设项目实际，进一步研究工程建设项目档案作用、意义、规划和管理，工程建设项目实施后最终成果可拓展为以下三点。

（1）建成了工程实体。工程实体包括工程建筑物、构建物、机电设备、附属设施、电子通讯及自动化监测控制系统等。

（2）形成了项目档案。项目档案包括文书、科技、声像、照片、会计、试运行管理等档案。

（3）产生了综合效益。综合效益包括社会、经济、环境、工程等效益。

任何工程建设项目验收、申报奖项或荣誉，工程验收委员会、评奖单位或授予荣誉单位事前都要对该工程建设项目进行工程实体现场察看、项目档案查阅审核和项目效益综合评价后，达到条件要求才通过验收、颁发奖项或授予荣誉。

1.4.2 项目档案与工程质量安全和廉政建设的关系

项目档案是衡量工程质量、工程安全和廉政建设的重要依据，应纳入工程质量安全管理程序和反腐倡廉管理范围。

质量、安全、廉政是工程建设项目中的三条红线，廉政建设更是工程建设管理的重中之重。质量和安全的外因体现在工程实体形象和工程运行中，内因体现在项目档案（或项目文件）中，而廉政则体现在工程实体形象、项目档案（或项目文件）和工程运行管理中。工程质量和安全不仅直接反映在工程实体中，同时还直接反映在项目档案上。因此，工程建设项目档案是工程质量和安全的直接反映，也是对工程质量和安全进行全面评价的重要样本和依据，同时也是工程廉政建设的直接体现。

从诸多工程获得荣誉或出现质量安全事故、违法违纪的实际案件来看，工程建设项目档案与工程质量安全和廉政建设的关系如下。

（1）任何一个工程获得奖项或荣誉，除工程实体得到公正认可外，其项目档案能够经得起追索认证。

（2）任何一个工程出现质量安全事故，除工程实体损坏（控制系统故障、瘫痪）迹象呈现外，其项目档案一定会存在纰漏瑕疵。

（3）任何一个工程出现违法违规案件，即使工程实体无质量安全事故，其项目档案一定能找到违法违规证据。

1.4.3 工程建设项目违法违纪案件被发现缘由

某工程建设项目如果确实存在违法违纪，那么迟早会被发现。其被发现缘由主要如下。

（1）发生工程安全、质量事故。

（2）项目检查、稽查、验收、决算和审计等查阅项目档案（或项目文件）和察看工程现场。

（3）举报投诉。

（4）受到其他案件牵连。

工程建设项目质量安全事故、违法违纪案件调查必需的方式之一：查阅工程建设项目档案。由此可见，工程建设项目档案可作为工程建设项目是否存在违法违纪的试金石、体温计、探测仪。

如果某工程建设项目档案反映出工程存在建设程序、手续和项目档案（或项目文件）等不完善、漏缺错乱、时序颠倒、不符合逻辑、内容前后矛盾、相关数据不对应、相关数量不相符、记录不真实齐全等“不健康指针时”，那么这种提前感知必然意味着工程建设项目存在一定的安全隐患或违法违纪行为。因此，工程参建人员必须重视项目档案管理工作，根绝高级错误，杜绝中级错误，避免低级错误，依法确保工程质量和安全。各参建单位在做好项目档案工作的基础上，做好本单位内项目档案（包括建设单位要求不归档的文件材料）归档和管理，以备延伸审计查阅。

1.5 工程建设项目档案与文件关系

1.5.1 文件与档案的概念

1.5.1.1 文件的概念

文件是人们在各种社会活动中产生的记录，是指机关、团体、企事业单位之间，正式行使的具有统一格式和行文关系的公文。公文是指公务活动中形成和使用的文书。

从文件属性界定的角度，结合我国现行《档案学词典》中的相关要求与规范来看，“文件”有狭义与广义两个方面解释。

狭义的“文件”主要是指法定机关、团体机构、企业组织、事业单位在日常工作过程当中所形成的具有完整处理程序的公文资料。

广义的“文件”则主要是指组织或个人为处理事务而制作的，承载相关信息的全部材料。

1.5.1.2 档案的概念

《中华人民共和国档案法》第二条：档案是指过去和现在的国家机构、社会组织以及个人从事政治、军事、经济、科学、技术、文化、宗教等活动直接形成的对国家和社会有保存价值的各种文字、图表、声像等不同形式的历史记录。

从档案属性界定的角度，结合我国现行《档案学词典》中的相关要求与规范来看，“档案”也可以从狭义与广义两个方面解释。

狭义的“档案”主要是指法定机关、团体机构、企业组织、事业单位在公务性活动过程当中所形成具有一定利用、保存价值的文书。

广义的“档案”主要是指国家机构、社会组织、个人在开展文化、科学、经济、技术、政治、军事以及宗教等各类活动过程当中直接形成的，承载文字、图表，以及音像等信息的全部材料。

1.5.2 文件与档案的关系

文件和档案是同一事物不同阶段的存在形式。文件包含公文、文书、材料、资料等，强调的是人们在各种活动中形成的信息材料，而档案强调的是文件归档并对今后具有凭证和查考作用的历史记录。

档案行业中习惯用三句话来概括文件与档案的关系：文件是档案的前身，档案是文件的归宿；文件是档案的基础，档案是文件的精华；文件是档案的细胞，档案是文件的组合。[3]

由此，很容易从文件生命周期得到共识：文件在现行使命结束后，具有社会价值的那部分再经过鉴定、整理、归档，从而最终可成为档案。从文件整个运动进程来判定文件与档案之间的关系，从而得到客观、正确的结论：档案是由文件转化而来的，档案不过是广义文件在不同运动阶段上价值形态变化的表现形式。因此，文件不能等同于档案，它们的主要区别在于是否具有保存价值，是否具备原始记录的性质。如果两者都具备，则可以转化为档案，称之为档案，否则只能称为文件，也就是说，档案是有价值并经过归档保存的文件材料的集合体。

文件包含档案，档案是文件的子集，虽然两者有很大的交集，但绝不能等同。档案是可供查阅利用的文件，由文件转化而来的；文件转化为档案之后，其信息内容没有改变，所改变的只是文件的价值和作用，档案的载体与其前身——文件的载体是同一的，因此，文件的质量决定档案的质量。

文件作为档案的前身和档案的基础，更应优先确保其质量。任何文件、资料、材料形成的质量，是决定事项办理的成功与否的主要条件依据，其后大部分会形成档案，纸质文件归档为纸质档案，电子文件归档为电子档案。

1.5.3 项目文件与项目档案的概念

根据不同的分类标准，档案可划分为不同的种类，作为科技档案之一的工程建设项目档案是较为综合、系统、繁杂、严谨且庞大的资料系统。

1. 项目文件的概念

按照《建设项目档案管理规范》（DA/T 28—2018）第3.6款，项目文件是在项目建设全过程中形成的文字、图表、音像、实物等形式的文件材料。

2. 项目档案的概念

按照《建设项目档案管理规范》（DA/T 28—2018）第3.14款，项目档案指经过鉴定、整理并归档的项目文件。

项目档案是工程建设过程中形成的、能够真实反映工程建设全过程、对工程运行和管理具有重要查考价值、经过系统整理的各类不同载体形式的历史记录，是工程建设、管理、运行、维护、改建和扩建等工作的重要依据，同时为各类检查、监管、验收、稽查、审计等提供不可或缺的档案保障，是反映工程建设全过程的法律文书。

1.5.4 项目文件与项目档案的关系

在工程建设过程中，行政管理和工程技术人员同步形成项目文件，通过收集、整理逐步形成系统性的项目文件，经档案管理人员鉴定、组卷、归档形成项目档案。因此，在工程全过程活动中产生和形成，记录和反映工程建设全过程活动真实面貌的各种类项目文件是项目档案的基础，有归档利用价值的，在办理移交手续后转化为项目档案。

项目文件强调的是在工程建设过程中各种活动形成的公文、文书、材料、资料等信息材料，而项目档案强调的是对今后具有凭证和查考作用的历史记录。档案界已概括了文件与档案的关系，对工程建设项目而言，则：项目文件是项目档案的前身，项目档案是项目文件的归宿；项目文件是项目档案的基础，项目档案是项目文件的精华；项目文件是项目档案的细胞，项目档案是项目文件的组合。

作为项目档案，因具有本源性、原始性的性质，决定了项目档案的不可后补和不可替代，也决定了项目文件的形成和积累必须与工程建设同步进行，从而体现了档案的本质属性和特征。

1.5.5 项目档案工作基本内容

项目档案工作的基本内容包括档案文件材料的形成、收集、整理、鉴定、分类、编号、组卷、审核、归档、保管、查借阅、统计、移交、检索、利用、编研等工作。

形成是指建设单位和各参建单位（勘察单位、设计单位、施工单位、监理单位、材料构件及设备供应单位、信息化开发单位等）在项目建设过程中完成各自职责范围或合同规定编制、填写、印发等的文件材料。

收集是指项目建设过程中产生的文件材料集中到各自单位档案管理部门。

整理是指各自单位档案管理部门对收集和积累的文件材料分门别类组成有序体系的有序化、条理化的过程，是档案管理中的一项基础工作。整理就是在对项目建设形成的项目文件进行完整收集的基础上，遵循建设项目文件材料的形成规律，保持其具有成套性、阶段性、专业性的联系特点，按照一定的原则和方法进行分类、组卷、编目的工作。

鉴定一般是指区别与判定档案真伪和档案价值的鉴定。对于项目档案，主要是项目文件归档范围鉴别、项目文件的完整性鉴别、项目文件的准确性鉴别、工程档案保管期限和密级的鉴定。

分类是指建设单位按照项目文件材料形成的规律、内容、特点以及相互之间的联系（项目组成、项目划分和标段划分），将项目档案分成一定的类，从而使项目档案形成一个有机联系、符合逻辑的便于保管和提供利用的结构体系。各单位按照项目档案分类方案完成各自项目档案的分类。

编号是指档号［全宗号、目录号、案卷号（件号）、页号］的编制。档号是以字符形式赋予档案实体的，用以固定和反映档案排列顺序的一组代码。

组卷是指各单位按照项目档案组卷的原则和要求，遵循项目文件的形成规律和成套性特点，保持卷内文件的有机联系，将已办理完毕的具有保存价值的文件材料，按照特定的方法组成案卷的过程。

审核是指各单位对本单位文件材料的检查、监理单位对施工单位文件材料的审核、建设单位对参建单位（包括监理单位）文件材料的审查。

归档是指建设项目的勘测、设计、施工、监理、总承包、监测、供货等参建单位在项目完成时，将经整理、编号、立卷后所形成的项目档案，按合同协议规定的要求向建设单位档案管理机构或受委托的承包单位档案管理机构移交项目文件；建设单位有关管理机构将项目各阶段形成并经过整理的项目文件定期移交建设单位档案管理机构归档。

保管是指各单位通过档案库房建设，采取各种防治措施，维护档案的完整和安全。

查借阅，即查询借阅，提供查阅者所需的项目档案，根据档案形成中的所有权属、查借阅对象，分密级提供查阅。

统计是指对档案和档案管理情况进行登记、记录、分析、研究，为科学管理、决策提供准确的信息支持。

移交是指项目竣工验收后，建设单位根据合同、协议和规定向业主单位、生产使用单位、项目主管部门及有关档案管理部门移交有关项目档案。

检索是指运用一系列专门方法将档案的信息内容进行加工处理，编制各种各样的检索工具或检索目录，并运用这些检索工具为档案人员和用户查找所需的档案。

利用是指通过各种方式方法将档案直接或间接提供给利用者，满足社会对档案的需求和体现档案的价值。

编研是指以收藏的档案为基础，并结合社会和工程项目需求，研究档案信息内容，编辑出版档案文献，参与编修史志等，主动开发档案信息资源为社会服务。

1.5.6 项目文件归档前人员职责

建设项目文件形成、收集、整理职责详见图 1.3。

项目文件形成和收集工作，主要是工程技术人员的职责；划分阶段、整理、鉴定、分类、编号、组卷、审核等工作，主要是工程技术人员和档案管理人员的职责；卷内文件排列、编制卷内目录、填写案卷封面、备考表、装订案卷、案卷排列和归档等工作，主要是档案管理人员的职责。项目文件形成至归档流程和基本要求详见图1.4。

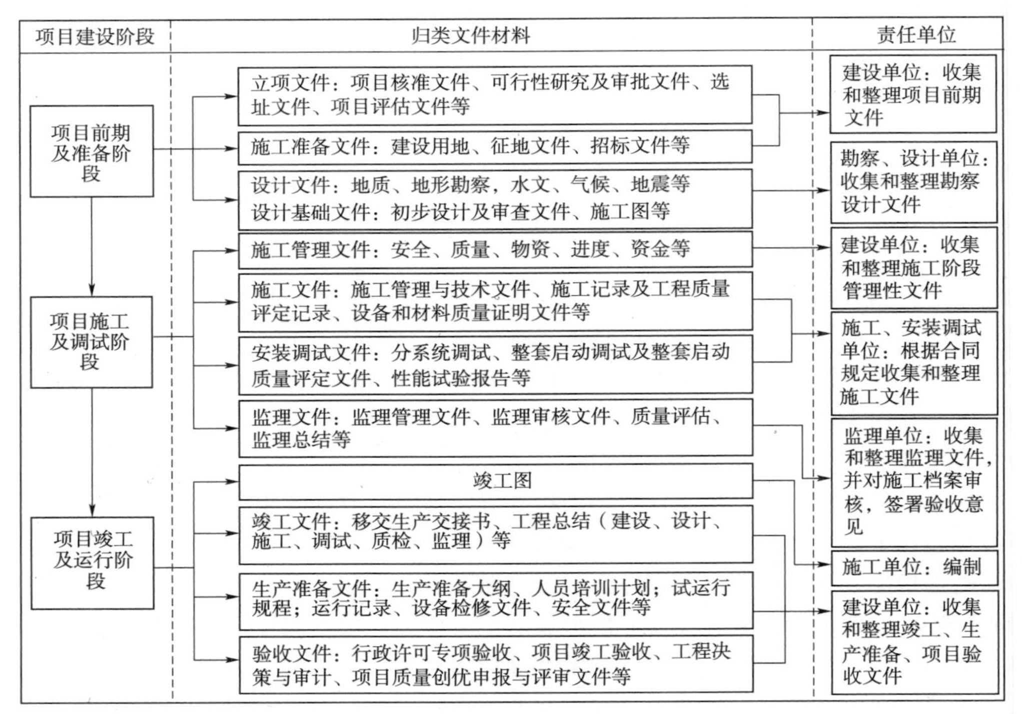

图1.3 建设项目文件形成、收集、整理职责示意图

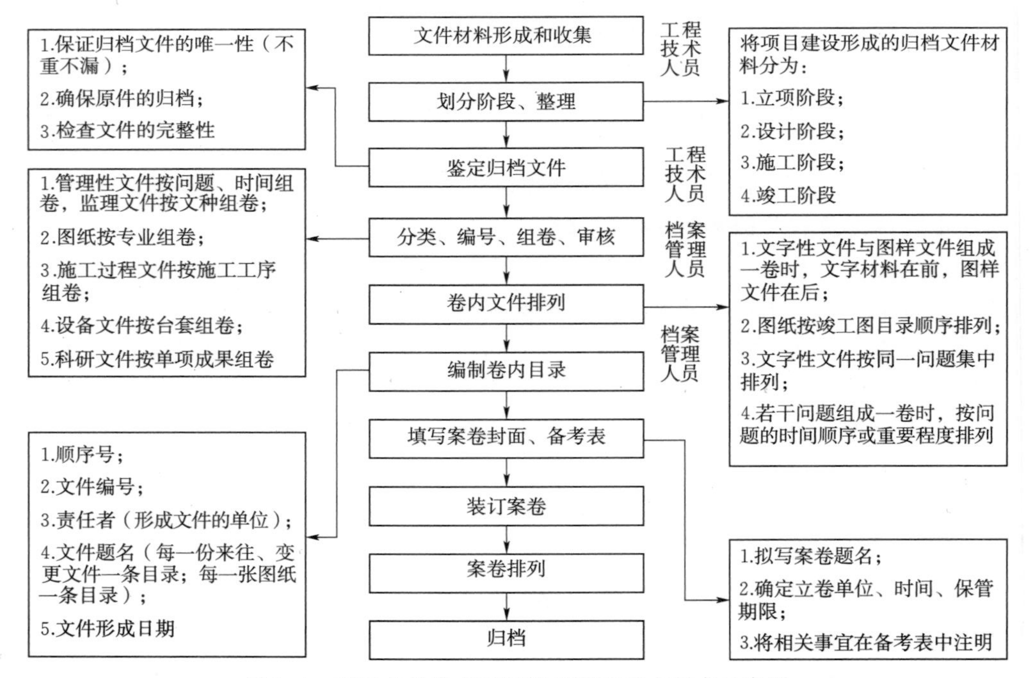

图1.4 项目文件形成至归档流程和基本要求示意图

第2章

工程建设项目档案质量

2.1 工程建设项目档案质量标准

2.1.1 工程建设项目档案质量标准的含义[4]

《建设项目档案管理规范》(DA/T 28—2018)第4.5款，项目档案应完整、准确、系统、规范和安全，满足项目建设、管理、监督、运行和维护等活动在证据、责任和信息等方面的需要。也就是说，项目档案质量标准是完整、准确、系统、规范和安全。质量内涵包括外在规范和内在质量两方面[5]，不仅是项目档案外在规范达到完整性、准确性、系统性、规范性和安全性要求，而且项目档案内在质量达到齐全完整、真实准确、有序系统、完备规范、有效安全。

2.1.2 工程建设项目档案质量标准的具体要求[4]

2.1.2.1 项目档案完整

完整是指具有或保持着应有的各部分，没有损坏或残缺，完好无缺。田煜认为项目档案完整性是指反映项目建设过程和工程概貌，对维护、管理、改建、扩建等工作具有现实和长远查考利用价值的各种形式的文字、图表、声像等材料的齐全、完整程度[6]。刘艳认为项目档案完整性是指工程项目的各类文件材料收集齐全、系统成套，其标准是能够完整地反映工程活动的全部内容和工程面貌，要求既有工程项目的前期依据材料，又有施工过程的技术文件和工程竣工文件（包括竣工图）[7]。综合其他文献，项目档案完整是指工程建设全过程的各类应归档文件材料不能缺页，基础性、依据性、过程性、结论性等不同阶段、不同载体的应归档文件应齐全，每一阶段内应归档文件材料也要齐全，其中重要阶段还应有完整的声像档案材料归档[8]，既凸显行业特点项目档案的系统性，又力求项目档案的全面性，项目建设全过程中各阶段、各环节、各步骤、各工序的内容保持连续、齐全，有始有终，建设管理手续完备，项目立项到工程竣工验收投产的全过程中归档范围内的各种项目文件必须归档。项目档案完整具体要求可依次按项目全过程、各阶段、某事项梳理。

(1) 整个项目建设全过程中的项目文件的类项必须齐全完整。按照工程建设项目建设内容、建设管理程序、质量监督机构批复的项目划分、建设单位与参建单位的合同协议、《工程档案分类编号方案》和《文件归档和保管期限表》等以及该项目所属行业归档范围的规定，工程建设过程中反映各阶段和各种职能活动形成的具有查考和利用价值的不同种类各种载体文件，达到归档的项目文件收集齐全、内容完整、重要文件归档无遗漏的要求。鉴于工程建设全过程涉及工作环节多、办理时间和过程不一，很多工作环节无法采用一份文件完整反映，需采用多流程、多文种完整反映，因此，各种类的文件组合能够完整反映工程项目建设过程中所涉及的时间、地点、人、事、物及相关活动实施的全过程。

(2) 建设过程中各阶段项目文件必须齐全完整。按照《建设工程文件归档规范》(GB/T 50328—2019) 和相关规定及项目产生文件的实际情况，工程建设项目的各个过程、不同性质、相应事项对应的文件和不同的文件种类，应有尽有，齐备全面；文种类型所涉及的文件组成，完整无缺，不缺项漏项；文件所包含的组件构成，不缺件少页；文件的存件形式多样，但能完整体现；各种类的文件能够完整反映工程项目各阶段中所涉及的时间、地点、人、事、物及相关活动实施的全过程。

(3) 建设过程中各阶段某一事项的项目文件必须齐全完整。某一事项文件内容能够完整反映对应事项工作环节的时间、地点、人、事、物及相关办理事项流程的全过程。例如，同一批号的水泥原材料进场报验单及其附件：该批水泥进场清单、厂家出厂水泥质量检验报告、水泥合格证、水泥现场取样签证单、检测单位水泥物理性能检验报告（3天）、检测单位水泥物理性能检验报告（28天）。

(4) 文件材料或工程用表、验收表格文件必须齐全完整。每一份文件齐全完整，附件附表齐备，不缺张少页；涉及表格文件，必须对应填写（盖章）相应的内容、意见、日期、签名、印章等；没有填写内容的空白格应画“/”，或加盖“以下空白”章。

2.1.2.2 项目档案准确

准确是指行动的结果完全符合实际或预期。项目档案准确是指项目档案反映的内容要准确，即记录项目过程的各类应归档文件材料记载的内容一定要真实准确无误，要准确反映项目不同阶段的实际情况和历史过程，注意反映同一问题的不同文件材料的历史记录的记载内容一致[8]。即对项目文件所记载的内容必须真实、客观，并与实物相符，签章手续完备，准确地反映工程建设管理各项活动的真实情况和历史过程，也就是项目档案记载的信息与工程建设过程具有真实性和一致性，与相关法规政策、技术标准、规程规范等具有精准性和协调性。项目档案准确具体要求如下。

(1) 项目文件的文种、格式正确，工程用表准确，符合相关标准、规程、规范的要求，文件办理程序和签署程序符合国家、行业法规、标准、规范的要求。

(2) 项目文件反映的内容事项真实、准确、可靠，与工程实际相符合，文件记载内容和签署手续与工程进展的时间、地点、责任人一致。项目文件真实、内容准确，文（图）物相符，数据、图表准确可靠，精度适当，文字表述用词准确，语言表述明确，符号、计量单位符合国家或国际标准，时序时段合理，时间符合逻辑，无涂改现象，签字印章真实、清晰，手续完备规范，能够真实、精准、全面地反映工程建设过程的实际、各种事件的真实面貌和工程建设管理流程痕迹。

(3) 竣工图准确清楚，图物相符，图面清晰，修改到位规范，设计修改变更理由在竣工说明上说明清楚、准确，能够齐全、真实、准确反映工程建设过程和竣工时的实际情况，签字手续完备，竣工图章中的内容填写齐全。

(4) 项目文件反映的日期要符合建设管理程序、工程建设过程和各事项办理流程等的经办人办理时间、事项起始时间等的时序逻辑关系，以及经办人办理时段（工作日）、事项时段等的时段合理性和规范性，项目文件中的相关日期与工程建设管理同步。

2.1.2.3 项目档案系统

系统是指同类事物按一定秩序和内部联系组合成的整体，具有始终一贯的条理，有条不紊的顺序。中国著名学者钱学森认为：系统是由相互作用相互依赖的若干组成部分结合而成的，具有特定功能的有机整体，而且这个有机整体又是它从属的更大系统的组成部分。

项目档案系统是对某一工程项目档案进行科学的分类、有序的排列和合理的组卷，保持档案之间的有机联系，确保项目档案是一个能够有序反映工程项目建设全过程各个环节的有机联系整体，即是按照项目档案分类编号方案，档案的整编组卷按照其自然形成规律和文件材料的成套性特点，保持案卷与卷内文件各部分之间的有机联系，分类科学、组卷合理、著录准确、目录齐全、卷内文件编号排序正确，符合有关规范标准要求。田煜从项目档案的内容、形式、整理三个方面对其系统性衡量标准进行界定，并将实践经验条理化、系统化，归纳了项目档案系统性的判别方法和保障措施[9]。项目档案系统具体要求如下。

(1) 根据国家部委、档案和项目建设行政主管部门的有关规定、行业特点和项目实际情况，按照归档范围的从项目立项、设计、施工至竣工验收、投产使用等全过程形成的各种门类、载体的文件材料，制定项目档案分类方案，符合逻辑性、实用性、可扩展性的原则，提出项目档案的分类方案编制依据、分类原则、档案标识符号、档案类目设置（附各级类目设置表）、档案分类编号形式（分述档案各类的分类编号并附示意图）等。全套项目档案之间形成一个逻辑严谨、承上启下、环环相扣、有机联系的闭环管理系统，以此形成一个工程建设项目档案层次分明和关联链接的系统框架。

(2) 档案各级类目录设置要遵循工程建设、运行的内在规律和管理流程，按照各个阶段过程的逻辑关系和关联对应，项目文件保持必然的内在联系性，并能反映工程特征和工程实况。

(3) 档案组卷规范合理，案卷目录清晰，遵循文件材料形成规律、时间、顺序、问题完整和成套性特点，保持卷内文件之间的有机系统联系。

(4) 卷内文件编排有序，组合完整齐全。项目文件按照文件种类一定的次序排列，或按文件材料形成的时间顺序排列，并按规律调整内在文件顺序和外在逻辑顺序，排列排序后的项目文件成为相对整体。

(5) 案卷封面、脊背、备考表、卷内文件目录填写规范、清晰，与卷内文件配套相符，形成一个系统的案卷。

2.1.2.4 项目档案规范

规范是指约定俗成或明文规定的标准，或是指按照既定标准、规范的要求进行操作，使某一行为或活动达到或超越规定的标准。项目档案规范是指要保证项目档案记载与收纳的内容应具有准确性与可靠性，并客观反映工程建设实际情况，与工程目标具有统一性、建设全过程具有一致性、与相关技术文件与标准具有协调性[10]。项目档案规范具体如下：

（1）工程项目建设全过程中必须严格执行建设管理、工程技术和档案管理等法律法规、标准规范和有关要求。

1）项目档案的内容及其所有信息应符合国家、行业有关工程建设管理、勘察、设计、施工、监理等方面的法律法规、技术规范、标准和规程。

2）项目文件形成、收集、整理、鉴定、组卷、归档等工作应严格执行国家档案法律法规、标准规范和有关要求。

（2）在项目文件形成直至归档过程中，应该规范操作、规范管理。

1）项目文件形成规范，包括语法用词、标点符号、序号数字等。不规范主要是语法错误、用词不当、错别字、漏字、多字、标点符号错误、序号颠倒、层次序号书写不标准、数字数据表示不标准、计量单位不统一不标准、同一文件中对同一问题的表述前后不一致、日期填写方式不规范等。

2）项目档案整理规范，包括各种载体档案整理规范。如档案的案卷质量符合《科学技术档案案卷构成的一般要求》的要求。案卷目录、案卷封面、案卷脊背、卷内目录、卷内备考表等符合要求，各卷的格式、字体、字号等保持一致；装订整齐，字迹清楚，签字手续完备；档案卷内目录翔实，案卷题名简明、准确，档案目录与归档文件关系清晰。

3）项目文件签名印章规范。对某一位置的签名应对应相应签名人岗位职责权限，印章应对应项目文件相应法律效力和要求的各单位印章（包括行政公章类、业务专用章类和人员印鉴章）。

4）项目档案的鉴定、移交、归档、查询、利用等过程和手续的规范。

5）项目档案载体规范，纸质符合耐久要求，字迹清楚，图样清晰，页面整洁，格式规范，签字盖章手续完备有效，实物标注清晰，音像及电子文件与工程实际相符，与纸质文件相对应，文件质量及存储格式符合规范标准要求，保证载体的有效性。

6）复印件格式规范。项目档案应为原件，如案卷内有复印件时，要求复印件图文清晰，与原件内容及形式保持一致，注明提供复印件的单位及原件保存地点并加盖公章。

2.1.2.5 项目档案安全

安全是指在人类生产过程中，将系统的运行状态对人类的生命、财产、环境可能产生的损害控制在人类能接受水平以下的状态，是免除了不可接受的损害风险的状态，不存在危险、危害和威胁的隐患。项目档案安全是指档案库房与阅览、办公用房（包括工程施工现场办公用房）、设施设备、档案装具及文件制成材料的安全，采取有效措施保证档案实体（纸质档案、实物档案和电子档案等）和信息安全，并有组织和制度保障措施。项目档案安全具体要求如下。

（1）项目档案的存放库（室）房、阅览、办公用房、设施设备、运输过程、档案管理系统等的安全。

（2）档案设施设备安全。包括防尘、防污染、防有害生物、采暖通风、空气调节、消防、安全防范、电气、给排水、防雷等，以及档案柜架、卷盒、卷皮等档案装具符合标准要求，磁性载体档案装具满足防磁要求。

(3) 项目档案制成材料的安全。如纸张的韧力大、耐久性强，书写用笔采用碳素墨水、蓝黑墨水等耐久性强的书写材料，不得使用红色墨水、纯蓝墨水、圆珠笔、复写纸、铅笔等易褪色的书写材料；计算机输出文字和图件应使用激光打印机，不应使用色带式打印机、水性墨打印机和热敏打印机，应保证纸张或相纸打印的碳粉耐久性、照片冲印质量等。

(4) 档案实体安全。包括档案形成、收集、整理、移交、归档、保管、登记、统计、查询、利用、运输等过程中的安全，以及日常检查和管理等安全工作。

(5) 声像档案材料有效使用和安全保管。如照片、录音、录像及电子磁盘、光盘等特殊载体的声像文件材料，其存储格式必须符合国家有关规范和相应工程声像档案要求，以保证今后的有效使用和安全保管。

(6) 项目电子档案及其载体的安全。电子档案必须真实、完整和有效，同时存在相应的纸质或其他载体形式的档案时，在内容、相关说明及描述上保持一致；同时保证计算机及存放电子档案载体的安全。

(7) 档案信息安全。包括机房、网络、设备、信息系统、档案信息资源保存与备份、档案数字化加工等安全。

(8) 安全保障机制。包括建立档案安全队伍、安全工作责任制、安全制度、安全应急预案等组织、制度保障和应急措施。

综上所述，项目文件种类载体的齐全是项目档案完整的保障，项目文件内容信息的真实是项目档案准确的基础，项目文件组卷排序的有序是项目档案系统的根本，项目文件管理协调的完备是项目档案规范的体现，项目文件实体信息的有效是项目档案安全的凭证。对项目档案而言，完整是项目档案质量的前提，准确是项目档案质量的灵魂，完整和准确是项目档案质量的核心；系统既是项目档案自身形成规律与整理效果的重要体现，又是项目档案整体质量评价和后续保管利用工作的技术支撑；而规范又促进了项目档案的完整、准确、系统和安全。以完整为前提，以准确为核心，以系统为框架，以规范为手段，以安全为保障，营造了项目档案完整、准确、系统、规范和安全的相辅相成，由此共同构建了项目档案质量标准。

2.2 工程建设项目档案质量要求和内涵

2.2.1 工程建设项目档案质量要求

工程建设项目档案质量要求的文件规定很多，国家和广东省重大建设项目的文件规定摘选如下：2006 年 6 月 14 日《国家档案局 国家发展和改革委员会关于印发〈重大建设项目档案验收办法〉的通知》(档发〔2006〕2 号)；2006 年 8 月 30 日广东省档案局、广东省发展和改革委员会《转发国家档案局国家发展和改革委员会关于印发〈重大建设项目档案验收办法〉的通知》(粤档发〔2006〕32 号)；2006 年 7 月 12 日水利部办公厅《转发国家档案局和国家发改委关于印发〈重大建设项目档案验收办法〉的通知》(办档〔2006〕118号);2006年10月8日广东省水利厅《转发水利部、广东省档案局和广东省发改委关于印发〈重大建设项目档案验收办法〉的通知》(粤水办〔2006〕65号)。

其中,广东省档案局、广东省发展和改革委员会《转发国家档案局国家发展和改革委员会关于印发〈重大建设项目档案验收办法〉的通知》(粤档发〔2006〕32号)的附件中《广东省重大建设项目档案验收评分标准》对项目档案组织、案卷质量及档案安全进行了量化赋分,满分为100分。其中:组织管理30分,案卷质量60分,档案安全10分。项目档案验收综合评分满分100分,≥95分为优秀,其中案卷质量(满分60分)总分超过57分,才具备"广东省重大建设项目档案金册奖"的申报条件。具体详见表2.1。

表2.1　　广东省重大建设项目验收评分表

序号	项目内容	验收标准	标准分	自评分	评定分	扣分原因
1	组织管理		30分			
1.1	制度体制	建立了项目档案工作各项规章制度(2分)、建立了行之有效的项目档案管理体制和工作程序(1分)、形成了项目档案管理网络(1分)	4分			
1.2	同步开展	项目建设单位(法人)对项目档案工作实行统一管理,对本单位各部门和设计、施工、监理等参建单位进行有效的监督指导(2分);自觉接受有关部门对项目档案工作的检查监督和指导,对检查中发现的问题能及时整改(1分),按规定及时填报《国家重点建设项目档案管理登记表》(1分);做到项目档案与项目建设同步进行(1分)	5分			
1.3	责任考核	项目档案工作实行领导负责制(0.5分),确定了负责档案工作的部门及领导(0.5分),实行了各部门和有关人员档案工作责任制(1分),并采取了有效的考核措施(2分)	4分			
1.4	人员配备	配备了适应工作需要的档案管理人员(2分),档案管理人员经过档案专业岗位培训(2分)	4分			
1.5	合同管理	项目文件材料的收集、整理和归档纳入合同管理(1分),要求明确(2分),控制措施有力(2分)	5分			
1.6	办公设备	保证档案工作所需经费(2分),配备了计算机(0.5分)、复印机及声像器材等必备的办公设备(1分),且性能优良(0.5分),满足工作需要	4分			
1.7	信息化	采用先进信息技术,实现项目档案管理的信息化。重点从基础设施(1分)、资源建设(2分)、应用效果(1分)三方面考核。其中,全套项目档案同时编制有纸质和电子目录的0.5分;全套档案目录和竣工图已数字化的1.5分,全套项目档案(施工原始记录除外)已数字化的得2分	4分			

续表

序号	项目内容	验收标准	标准分	自评分	评定分	扣分原因
2	案卷质量		60分			
2.1	形成质量		45分			
2.1.1	齐全完整	按照《国家重大建设项目文件归档范围和保管期限表》所列内容，参考各行业归档范围的规定，重要文件归档无遗漏。每缺1张（份）竣工图纸（含修改通知单位）或征地图、重要合同、协议书等重要文件，扣0.5分，其余应归档文件少一份扣0.1分	15分			
2.1.2	真实准确	所有归档文件材料真实、内容准确，签署手续完备。若归档材料不真实或内容不准确、签署手续不完备，弄虚作假，每发现一处扣0.5分	10分			
		竣工图编制准确，修改到位，签署手续完备，能真实反映项目竣工时的实际情况。若竣工图内容与施工图、设计变更、洽商、材料变更，施工及质检记录不相符的，每发现一处扣0.5分	10分			
2.1.3	耐久有效	归档纸质字迹清楚，图样清晰，页面整洁，格式规范，符合耐久要求（8分）；录音、录像文件应保证载体的有效性（1分）；长期存储的电子文件使用不可擦除型光盘（1分）	10分			
2.2	整理质量		15分			
2.2.1	排列系统	分类清楚，组卷合理，排列系统、有序。项目档案案卷与卷内文件的排列符合国家或专业主管部门的有关标准规范	3分			
2.2.2	封面脊背	格式规范统一，字迹清晰美观，填写完整准确	1分			
2.2.3	案卷题名	案卷题名规范，简明扼要，能准确提示卷内文件材料的主要内容和特征	4分			
2.2.4	卷内目录	卷内目录与卷内文件材料实物相符，无错漏；著录格式符合规范要求，字迹清晰。若抽查重要文件卷内目录有错漏，每发现一条扣0.1分	4分			
2.2.5	卷内备考	卷内备考表要标明卷内文件的件数、页数，不同载体文件的数量，说明组卷情况，如立卷人、检查人、立卷时间等	1分			
2.2.6	纸张折叠	案卷内不同幅面的科技文件材料要折叠或裱贴为统一幅面，破损的要先修复。幅面一般采用国际标准A4型或国家通用16开型。图样折叠时标题栏露在右下角	1分			

续表

序号	项目内容	验收标准	标准分	自评分	评定分	扣分原因
2.2.7	案卷装订	文字材料可采用整卷装订与单份文件装订两种形式；图纸可不装订，但同一项目应统一。整卷装订的案卷要整齐、牢固，单份文件装订的案卷要在卷内每份文件首页左上方加盖、填写档号章（档号可空，序号必填）	1分			
3	档案安全		10分			
3.1	用房设施	档案库房与阅览、办公用房分开（2分）。档案库房配置有防火（0.5分）、防盗（0.5分）、防水（0.5分）、防有害生物（0.5分）和温度湿度调控（1分）等设施	5分			
3.2	档案装具	档案柜架、卷盒、卷皮等档案装具符合标准要求	3分			
3.3	安全措施	采取有效措施保证档案实体和信息安全	2分			
合计			100分			

重大建设项目档案质量要求，就是归档文件材料齐全完整、真实准确、耐久有效、规范系统要求，即是文件材料完整性、准确性、系统性、规范性和安全性。

2.2.2 水利工程建设项目档案质量要求

水利工程建设项目档案质量要求，主要依据有：2008年9月9日《水利部关于印发〈水利工程建设项目档案验收管理办法〉的通知》（水办〔2008〕366号），以及2008年11月1日广东省水利厅 广东省档案局《转发水利部关于印发水利工程建设项目档案验收管理办法〉的通知》（粤水办〔2008〕60号）。《关于印发水利工程建设项目档案验收管理办法》（水办〔2008〕366号）附件中《水利工程建设项目档案验收评分标准》对项目档案管理及档案质量进行量化赋分，满分为100分。其中：档案工作保障体系20分，应归档文件材料质量与移交归档70分，档案接收后的管理10分。具体详见表2.2。水利工程建设项目档案质量要求，就是归档文件材料质量与移交归档的要求，即文件材料完整性、准确性、系统性、规范性和安全性。

表2.2 水利工程建设项目档案验收评分表

序号	验收项目	验收内容	验收备查材料	评分标准	标准分值	自检得分	验收赋分
1	档案工作保障体系（20分）	项目法人认真履行对工程档案负总责的职责，在管理机构、人员配备、制度建设、明确职责、经费保障和设备设施配备等方面，为项目档案工作的开展创造了较好的条件，保障了项目档案工作的顺利进行		详见以下各小项内容	20分		

续表

序号	验收项目	验收内容	验收备查材料	评分标准	标准分值	自检得分	验收赋分
1.1	组织保障（4分）	（1）明确有档案工作的分管领导	有关文件或岗位职责	达不到要求的不得分	1分		
		（2）明确有档案工作机构或部门，并配有一定数量的专职档案管理人员	机构设置文件及部门、人员岗位职责和培训证明	未明确档案工作机构或部门的，酌扣0.3～0.5分；无专职档案管理人员，扣2分；档案专职人员至少有1名具有大专以上学历，并获得上级业务部门组织的档案专业技术培训证书，达不到要求的，酌扣0.5～1分	2分		
		（3）建立了由项目法人负责，各参建单位组成的档案管理网络，并明确了相关责任人	网络图表和落实相关人员责任制的文件或依据	达不到要求的，酌扣0.5～1分	1分		
1.2	制度保障（5分）	（1）按“集中统一管理”的原则，建立了较完善的工程档案管理制度或办法，明确规定了各责任单位的职责与任务，并有相应的控制措施	项目法人制定的相关制度、办法	1）未建立制度的，不得分； 2）制度要求有重大缺、漏项的，酌扣0.5～1分	2分		
		（2）制定了项目文件材料的归档范围和保管期限表，且归档范围能涵盖工程项目建设管理过程中的各类应归档文件材料，且保管期限划分准确	归档范围与保管期限表	1）无此制度的不得分； 2）归档范围不全、保管期限划分不准或有明显缺陷的，酌扣0.2～0.7分	1分		
		（3）制定了较实用的档案分类方案和整编细则等用于档案整编的相关制度或工作规范	相关文件	1）无相关制度或规范的不得分； 2）所建制度或规范存在明显不足的，酌扣0.2～0.7分	1分		
		（4）制定了档案接收、保管、利用、安全及统计等内部工作制度	相关制度、办法	1）无相关制度的不得分； 2）档案内部管理制度不全或有明显缺、漏项的，酌扣0.2～0.7分	1分		

续表

序号	验收项目	验收内容	验收备查材料	评分标准	标准分值	自检得分	验收赋分
1.3	经费保障（2分）	项目法人已将档案工作所需的各项业务经费列入工程总概算或年度经费预算，并能满足档案工作的需要	有关凭证性材料	1）虽未列有专项经费，却能较好地解决档案业务工作所需经费，可酌扣0.2～0.5分； 2）因经费原因已影响到档案工作的正常开展，或已造成一定后果的，酌扣0.5～2分	2分		
1.4	设备设施保障（2分）	（1）有符合安全保管条件的专用档案库房	实地检查	无档案专用库房的不得分；存在一定差距的，酌扣0.2～0.8分	1分		
		（2）办公与库房的设备设施及档案装具能满足工作需要	实地检查	1）办公与档案保管条件存在明显差距的不得分； 2）存在一定差距的，酌扣0.2～0.8分	1分		
1.5	各项管理制度或措施的贯彻落实与实施情况（7分）	（1）签订有关合同协议时，同时提出归档要求	相关合同协议	不符合要求不得分；存在一定问题酌扣0.2～0.7分	1分		
		（2）检查工程进度、质量时，同时检查工程档案资料的收集、整理情况	检查工作文件或记录	不符合要求的不得分；存在一定差距的，酌扣0.2～0.7分	1分		
		（3）项目成果评审、鉴定或项目阶段与完工验收，同时检查或验收相关档案	验收文件	不符合要求的不得分；有一定差距的，酌扣0.2～0.7分	1分		
		（4）法人对设计、施工、监理等参建单位的档案收集、整理工作进行监督指导	有关证明材料	不符合要求的不得分；存在一定差距的，酌扣0.2～0.7分	1分		
		（5）档案部门或档案人员对本单位各业务部门或所属分支机构的档案收集、整理、归档工作进行监督指导	有关证明材料	同上	1分		
		（6）纳入工程质量管理程序	相关制度和记录	同上	1分		
		（7）按期上报建设项目档案管理登记表	登记表	同上	1分		

续表

序号	验收项目	验收内容	验收备查材料	评分标准	标准分值	自检得分	验收赋分
2	应归档文件材料质量与移交归档（70分）	应归档文件材料的内容已达到完整、准确、系统要求；形式已满足字迹清楚、图样清晰、图表整洁、标注清楚、图纸折叠规范、签字手续完备要求；归档手续、时间与档案移交符合要求		详见以下各小项内容	70分		
2.1	文件材料完整性（24分）	（1）建设前期工作文件材料（含设计及招、投标等文件材料）	归档范围与归档目录和档案实体	按《水利基本建设项目档案管理规定》（水办〔2005〕480号）所附的“水利工程建设项目文件材料归档范围与保管期限表”的内容进行检查（水利信息化项目参照国家档案局和国家发展和改革委员会印发的《国家电子政务工程建设项目文件归档范围和保管期限表》档发〔2008〕3号）。存在缺项的，所缺项不得分；各项内存在不完整现象的，每发现一处，酌扣0.2～0.5分；重要阶段、重大事件和事故，必须要有完整的声像材料，无声像材料的，相关项不得分；重要声像材料不齐全的，酌扣0.5～1分	2分		
		（2）建设管理文件材料（含移民管理工作相关材料）			4分		
		（3）施工文件材料			5分		
		（4）监理文件材料			2分		
		（5）工艺、设备文件材料			1分		
		（6）科研项目文件材料			1分		
		（7）生产技术准备、试生产文件材料			1分		
		（8）财务、器材管理文件材料			1分		
		（9）验收文件材料（含阶段、专项、竣工）			2分		
		（10）项目法人按规定完成项目总平面图与综合管线竣工图的编制工作			1分		
		（11）声像材料			2分		
		（12）监理单位对施工单位提交的工程档案内容与质量提交专题审核报告	相关材料	无专题审核报告的，不得分；内容不全的，酌扣0.2～0.5分	1分		
		（13）电子文件材料	电子档案数据与相关文件材料	无电子文件材料归档的，不得分；缺少重要电子文件材料的，酌扣0.2～0.5分	1分		

续表

序号	验收项目	验收内容	验收备查材料	评分标准	标准分值	自检得分	验收赋分
2.2	文件材料的准确性（32分）	（1）反映同一问题的不同文件材料内容应一致	已归档文件材料	如发现存在不一致现象的，每发现一处，酌扣0.2～0.5分	3分		
		（2）竣工图编制规范，能清晰、准确地反映工程建设的实际。竣工图图章签字手续完备；监理单位按规定履行了审核手续	检查竣工图	竣工图如有模糊不清、不准确（应改未改或改动不完整），未标注变更说明、审核签字手续不全等现象，每发现一处，酌扣0.2～0.4分；如发生结构形式、工艺、平面布置等重大变化，未重新绘制竣工图或有较大变化未能如实反映的，每项酌扣0.5～1分	8分		
		（3）归档材料应字迹清晰，图表整洁，审核签字手续完备，书写材料符合规范要求	检查卷内已归档的文件材料	归档材料存在字迹不清、破损、污渍、缺少审核签字等不能准确反映其具体内容的，每发现一处，扣0.2分	4分		
		（4）声像与电子等非纸质文件材料应逐张、逐盒（盘）标注事由、时间、地点、人物、作者等内容	检查实体档案整编情况	归档材料存在标注不符合要求的，酌扣0.3～2分	4分		
		（5）案卷题名简明、准确；案卷目录编制规范，著录内容翔实	检查案卷标题与案卷目录的编制情况	无案卷目录的，不得分；案卷目录编制存在一定问题的，酌扣0.2～2分	4分		
		（6）卷内目录著录清楚、准确；页码编写准确、规范	检查卷内目录	案卷内无卷内目录的，不得分；卷内目录编制存在一定问题的，酌扣0.2～2分	4分		
		（7）备考表填写规范；案卷中需说明的内容均在案卷备考表中清楚注释，并履行了签字手续	检查备考表	案卷内无备考表的，不得分；备考表中存在一定问题的，酌扣0.2～0.5分	1分		
		（8）图纸折叠符合要求，对不符合要求的归档材料采取了必要的修复、复制等补救措施	检查案卷文件材料	有不符合要求的，每发现一处，酌扣0.2分	2分		
		（9）案卷装订牢固、整齐、美观，装订线不压内容；单份文件归档时，应在每份文件首页右上方加盖、填写档号章；案卷中均是图纸的可不装订，但应逐张填写档号章	检查案卷	案卷装订存在一定问题，或未装订文件缺少档号章的，每发现一处，酌扣0.2分	2分		

续表

序号	验收项目	验收内容	验收备查材料	评分标准	标准分值	自检得分	验收赋分
2.3	文件材料的系统性（10分）	（1）分类科学。依据项目档案分类方案，归类准确，每类文件材料的脉络清晰，各类文件材料之间的关系明确	分类方案与案卷分类情况	无档案分类方案的，不得分；分类方案存在一定问题的，酌扣0.5～1分	3分		
		（2）组卷合理。遵循文件材料的形成规律，保持文件之间的有机联系，组成的案卷能反映相应的主题，且薄厚适中、便于保管和利用；设计变更文件材料，应按单位工程或分部工程或专业单独组成一卷或数卷	检查案卷组织情况	未按要求进行组卷的，不得分；存在一定问题的，酌扣0.5～2分	4分		
		（3）排列有序。相同内容或关系密切的文件按重要程度或时间循序排列在相关案卷中；反映同一主题或专题的案卷相对集中排列	检查案卷与卷内文件的排列情况	案卷无序排列的，不得分；排列中存在不规范现象的，酌扣0.2～2分	3分		
2.4	归档与移交（4分）	（1）归档。项目法人各职能部门和相关工程技术人员能按要求将其经办的应归档的文件材料进行整理、归档	各类档案归档情况目录	法人各职能部门按年度或阶段归档情况；如有延误或未归档现象的，酌扣0.2～0.6分	1分		
		（2）移交。各参建单位按单位工程或单项工程已向项目法人移交了相关工程档案，并认真履行了交接手续	移交目录	项目法人尚未接收各参建单位移交档案的，不得分；存在档案移交不全或缺少移交手续的，酌扣0.5～2分	3分		
3	档案接收后的管理（10分）	档案管理工作有序，并开展了档案数字化工作，且取得一定成效；为工程建设与管理工作提供了较好的服务		详见以下各小项内容	10分		
3.1	档案保管、统计（2分）	（1）档案柜架标志清楚、排列整齐、间距合理；馆（室）藏档案种类、数量清楚，并按期报送有关档案年报	实地检查库房及档案台账、交接单、报表等	1）无档案柜架标志或档案数量统计台账和年报的，不得分； 2）在档案柜架摆放、标志或档案统计等方面存在一定问题的，酌扣0.2～0.6分	1分		
		（2）定期对档案保管状况进行检查，落实库房防火、防盗、防光、防水、防潮、防虫、防尘、防高温等措施，确保档案安全	检查工作记录和库房观测记录	1）未落实库房安全管理措施或存在明显安全隐患的，不得分； 2）库房管理存在一定问题的，酌扣0.2～0.6分	1分		

续表

序号	验收项目	验收内容	验收备查材料	评分标准	标准分值	自检得分	验收赋分
3.2	档案利用（3分）	（1）有2种以上检索工具	检索工具	1）无检索工具的，不得分； 2）达不到要求的，扣0.5分	1分		
		（2）开展多种形式的档案利用工作，且取得一定效果	提供利用情况及利用效果反馈记录	未开展档案利用工作或无利用效果登记的，酌扣0.5～1分	1分		
		（3）积极开展档案编研工作。编有工程项目简介、工程建设大事记、科研成果简介或汇编、有关专题介绍和主要基础资料汇编等档案编研成果	编研成果	1）无编研成果的，不得分； 2）编研成果数量不足或质量不高的，酌扣0.2～0.8分； 3）有3项以上编研成果，且均发挥重要作用的，可得满分	1分		
3.3	档案信息化（5分）	（1）已开展档案信息化工作，且与本单位信息化工作同步开展	档案信息化开展情况	1）未开展档案信息化工作的，不得分； 2）虽已开展，但距单位信息化同步开展有一定差距的，可酌扣0.4～0.8分	1分		
		（2）配有档案管理软件，建有档案案卷级目录、文件级目录数据库，开展了档案全文数字化工作，并已在档案统计、提供利用等工作中发挥重要作用	软件使用及数据库运行情况	1）配备档案管理软件的，可得0.5分； 2）通过软件已对案卷目录、文件目录和全文等数据进行有效管理的，可得1.5分；如存在一定差距的，可酌扣0.2～1分。未配备档案管理软件的，不得分	2分		
		（3）对归档的电子文件材料进行了有效的管理	电子文件材料的管理	电子文件与纸质文件材料的对应关系清楚、查找方便，有差距的可酌情加0.2～1分	1分		
		（4）与单位局域网联通，能提供网络服务，并具有网络数据库的安全防范措施	网上运行安全防范措施	无网络服务的，不得分；有相应的防护措施，且未发生过任何安全事故的，可得满分；否则，酌扣0.5～1分	1分		
评定等级：				合计得分或赋分分数：			

注 1. 国家重点建设项目在考核赋分时，应从严掌握，但各项扣分总数，最多不超过该项的标准分值。
2. 第2部分“应归档文件材料质量与移交归档”工作必须达到60分，否则为不合格。

2.2.3 工程建设项目档案质量内涵[11]

关于项目档案质量，我国有关档案的标准法规规范制度中有已有很多明确详细条款规定和要求。《国家重大建设项目文件归档要求与档案整理规范》（DA/T 28—2002）第4.3款要求：项目档案应完整、准确、系统。而《建设项目档案管理规范》（DA/T 28—2018）第4.5款要求，项目档案应完整、准确、系统、规范和安全，满足项目建设、管理、监督、运行和维护等活动在证据、责任和信息等方面的需要。

通过分析工程建设项目档案的概念、与质量安全廉政关系及其必要性和重要性，结合案例和经典示范工程，特别是结合水利工程建设项目监督检查和指导工作，查阅100多宗（次）在建（或已验收）项目档案，查看大量的工程违法违纪案例、质量安全事故调查报告（通报）和事故案判决以及相应行政处罚决定书，总结了项目档案质量内涵及要求。从档案管理和工程技术专业分析，项目档案质量内涵包含两方面：一是外在规范；二是内在质量。项目档案质量，不仅是项目档案外在规范达到完整性、准确性、系统性和安全性要求，而且项目档案内在质量达到齐全完整、真实准确、有序系统、完备规范、有效安全。

2.2.3.1 项目档案外在规范的含义

项目档案外在规范，也称外在质量，或外观质量，是指项目文件材料的形成、收集、鉴定、整理、分类、编号、组卷、案卷与卷内文件排列、案卷编目、装订、卷皮与卷内表格制作等环节的工作质量，也就是案卷承载内容的载体质量（纸张、装具、光盘、移动硬盘、U盘、胶片、磁带、照片等），卷内目录、卷皮、卷夹、卷盒的编制质量和纸张（包括图纸）折叠质量，以及依据分类方案编制的档号，达到项目档案分类科学、整理规范、组卷合理、卷内文件材料保持有机联系、案卷封面编制规范、案件装订美观、档案编目及排列条理分明、查阅方便快捷等规范性要求。

2.2.3.2 项目档案外在规范的要求

项目档案外在规范，除了整个项目档案在项目建设全过程文件材料的形成、收集、鉴定、整理、分类、编号、组卷、编目、审核、归档等达到完整、准确、系统的要求外，项目档案还应达到齐全性和安全性。

项目档案外在规范，主要取决于文秘档案人员的档案管理工作能力和水平，同时也受工程技术人员的生成、收集、整理和归档工作能力和水平影响。

2.2.3.3 项目档案内在质量的含义

项目档案内在质量，也称内容质量，是指项目档案卷内文件材料的形成过程的质量和具体内容的质量，应严格按照建设管理、工程技术、合同、财会、档案等有关法规、规程、规范、标准、制度等要求，完整、准确地记录建设项目的全过程，在按建设管理程序办理有关手续、合同协议的审签和签订，反映工程进度、质量、安全等的原始记录和现场记录、验收签证、变更支付工程款项，召开工程管理的有关会议等过程中体现在文件起草、审核、审定、批准、印发，文件签收、传阅、来文处理办结，事项申报与批复等过程和结果。

内在质量主要体现在项目建设管理文件、设计文件、监理文件、施工文件、工艺设备文件和竣工验收文件等各类文件中，文件是否形成？除字迹清楚、书写规范、图表清晰、签名盖章手续完备、页面整洁外，更重要的是填写要素（文字、数量、数据、序号或符号）准确，内容表述明确，缘由清晰，依据恰当，语法正确，用词规范，数据对应，数量相符，同一金额大小写一致，时序时段合理，结论明确，日期准确，附件或成套资料齐全，符合技术质量安全规程、规范及法规要求，符合逻辑关系，不漏项缺项，不隐含争议纠纷因素，不遗留质量隐患和安全漏洞要素等。

项目档案内在质量，也就是每一事项文件、报告或表格中，事项缘由、撰写报告、填写内容（文字、数量、数据、序号或符号）、签署意见或结论、签名人及其权限、签署日期等的完整性、准确性、原始性、合法性及有效性，实际就是案卷存贮的信息内容是否完整、齐全、准确、真实，是否反映客观实际，是否符合技术质量安全规程、规范及法规要求。

2.2.3.4 项目档案内在质量的要求

项目档案内在质量要求，除了整个项目档案达到完整、准确、真实的要求外，卷内文件材料的内容和排列还应符合同步性、规范性、对应性、关联性、合法性、时效性和可追溯性的要求。

项目档案内在质量优劣，首先取决于建设、勘察、设计、施工、监理、检测等单位工程技术（行政管理）人员的文件材料生成（编制、填写）、收集整理、检查核对、审核审定工作的能力和水平，其次是文秘档案人员的档案管理工作的能力和水平。

2.2.4 项目文件质量与项目档案质量的关系

关于项目档案质量标准，我国有关档案的标准法规规范制度中已有很多明确详细条款规定和要求，特别是《建设项目档案管理规范》（DA/T 28—2018）第4.5款要求：项目档案应完整、准确、系统、规范和安全，满足项目建设、管理、监督、运行和维护等活动在证据、责任和信息等方面的需要。

项目文件包含项目档案，项目档案是项目文件的子集。项目档案是可供查阅利用的文件，由项目文件转化而来的；项目文件转化为项目档案之后，其信息内容没有改变，所改变的只是项目文件的价值和作用，因此，项目文件的质量决定项目档案的质量。工程在建期间，已形成的项目文件，未形成项目档案之前，同样具有查阅利用作用。

项目文件是在工程建设过程中产生形成的，项目文件的形成数量是否齐全、内容是否完整和书写质量、各种手续签署是否完备规范都是过程中进行的，实施活动结束后，项目文件的数量和内容也随之完成，其质量也已成事实。

项目档案是归档后的项目文件，项目档案的质量取决于项目文件的质量，根源取决于项目文件形成的质量，其一，是否与工程建设同步形成；其二，是否按照建设管理程序、工程技术标准、规程规范的要求真实、准确、齐全编制填写。这是行政管理和工程技术人员履行岗位职责的工作具体表现，也是工程质量安全事故责任追究的对象。这也是工程质量安全事故很少追究档案管理人员责任的原因。

2.2.5 项目文件内在质量与项目档案内在质量的关系

按照工程建设项目档案质量内涵，项目档案质量不仅是项目档案外在规范达到完整性、准确性、系统性和安全性要求，而且项目档案内在质量达到齐全完整、真实准确、有序系统、完备规范、有效安全[5]。

项目档案是工程的建设成果，记录了工程建设过程中的原始完整信息，并且是具有保存价值的历史资料记录，因此，项目文件内在质量与项目档案内在质量的内涵是一致的，而且应符合国家有关法律法规、相关行业的规定，以及国家或行业有关项目管理、勘察、设计、施工、监理、检验、检测、鉴定等方面的技术标准和规程规范。项目文件的内在质量直接反映项目档案的内在质量，而项目档案的内在质量是由项目文件的内在质量决定的[12]。

2.2.6 项目档案质量的主要控制因素

目前，项目档案外在规范较为简单，项目档案分类、组卷、编号、编目、填写案卷封面和脊背及卷内目录、编印卷内文件页号、装订等的工作质量，对于具有档案专业或业务知识的档案人员来说，对照《建设工程文件归档整理规范》（GB/T 50328—2001）、《建设项目档案管理规范》（DA/T 28—2018）等规范规程要求，是轻而易举的事。对各单位（部门）来说，比较容易做好档案质量外在规范的管理，但项目档案内在质量的管理和监控是关键。因为，项目档案内在质量主要体现在工程建设全过程的内容是否记录真实、是否有缺漏、是否符合有关工程技术规程规范标准，图纸是否与实物（现场实际情况）相吻合，图文是否相符，日期时序时段是否合理，是否符合逻辑关系，字迹盖章是否清晰，用词用语是否规范，是否存在工程质量隐患和安全漏洞要素等，是工程稽查审计验收、申报荣誉奖项、调查事故和查处案件的核心材料，便于及时找到所需事项的缘由、过程和结果。非工程技术人员或缺乏工程建设管理技能的人员检查档案，一般难以发现被查档案内在质量存在的问题，难辨真伪，很难确定其卷内文件是否完整、齐全、准确、真实。

不论是项目日常巡查、检查、监督、稽查、决算、审计、运行管理、改建扩建设计等查阅项目档案，项目各阶段验收、申报奖项或荣誉等审阅项目档案，还是工程质量安全事故调查和违法违纪案件查处等查阅项目档案，工作人员不仅关注的是项目档案外在规范内容，而且关注的核心是项目档案内在质量的具体内容[5]。这就像一个人到医院体检一样，医生检查的内容，不仅仅是人体结构的完整和健康，而是主要检查各项生理及心理功能是否正常，各项指标是否达到正常指标。

因此，项目档案的内在质量直接关系到工程建设项目的总体质量安全和廉政建设，是工程建设项目档案质量的关键，也是行政主管部门、档案行政管理部门、监管部门最关心的核心和必须特别注意的问题。

如果项目档案内在质量存在纰漏瑕疵，文件材料带病归档，不仅会影响项目档案的作用和档案信息资源的服务水平，而且也可能会因为没有及时发现问题而导致出现质量安全事故，或者留下违规行为（即违反规定、规则、规范等）导致不良的后果。

近 30 年来，工程建设项目在建设过程中，乃至投入使用后发生质量安全事故和违法违纪案例，其责任追究、行政处罚和刑事判决的绝大部分是项目文件的形成、产生者和监管者（即工程技术人员和行政管理人员），极少数是项目文件整理、组卷、归档者（即负责档案外在规范的档案管理人员)[12]。

因此，各单位（部门）必须在档案外在规范基础上，高度重视档案内在质量，不论是建设单位和参建单位及其参建人员对档案形成的全过程，还是行政主管部门、档案行政管理部门、监管部门及其工作人员对项目档案的督导、检查，都要按各自职责，严格遵守执行有关法律法规和标准制度，确保项目档案内在质量，从而保证项目档案的总体质量。

第3章

工程建设项目档案内在质量分析

3.1 项目档案内在质量与工程质量安全事故的关系

工程建设项目完成后的最终成果是建成了工程实体、形成了项目档案和产生了综合效益，三者是相辅相成的。我国工程建设取得了辉煌的成绩，但工程质量安全事故也屡见不鲜，而在这些质量安全事故的调查中，事故调查组严格按照“四不放过”和“科学严谨、依法依规、实事求是、注重实效”的原则，通过现场勘察、调查取证（包括事故当事人的问询取证）、查阅档案资料、收集相关书证物证、检测鉴定、研究试验、专家论证、综合分析等方式，查明了事故发生经过、直接原因和间接原因、人员伤亡和财产损失情况；认定了事故性质和责任；提出了对相关责任人员和责任单位的处理建议；分析了事故原因及事故暴露的突出问题和教训；提出了事故防范、加强和改进工作的措施建议。

查阅档案资料（即查阅项目档案或在建工程项目文件）是工程质量安全事故调查中必不可少的重要环节，因为项目档案或项目文件是工程质量和安全的直接反映，是对工程质量和安全全面评价的根源和依据，所以，项目档案或项目文件的质量是调查对象的重点。事实上，不论是在建还是已完工验收的工程，质量安全事故调查对象的重点是项目文件或项目档案的质量，尤其是其内在质量。

1999—2020年部分工程质量安全事故案例：

（1）1999年重庆市綦江县彩虹桥“1·4”特大垮塌事故。

（2）2000年南京电视台演播中心裙楼工地“10·25”重大安全事故。

（3）2005年9月5日北京西单工地脚手架倒塌事故。

（4）2007年湖南省凤凰县堤溪沱江大桥“8·13”特别重大坍塌事故。

（5）2009年海南省万宁市“3·27”博冯水库溃坝事故。

（6）2010年上海市静安区胶州路公寓大楼“11·15”特别重大火灾事故。

（7）2012年湖北省武汉市“9·13”电梯坠落重大事故。

（8）2013年新疆维吾尔自治区乌鲁木齐市米东区联丰水库“2·2”决口事故。

（9）2013年广东省茂名市高州“8·14”南天电站蓄水坝溃坝事故。

（10）2013年湖北省襄阳市南漳县“11·20”较大建筑施工坍塌事故。

（11）2014年广东省湛江市“5·20”雷州青年运河灌区东运河渠堤决口较大质量事故。

（12）2014年河南省光山县幸福花园工程“12·19”模板支架坍塌事故。

（13）2014年清华大学附属中学体育馆及宿舍楼工程“12·29”重大生产安全事故。

（14）2014年广东省佛山市南海区“11·10”较大建筑工地坍塌事故。

（15）2015年福建省漳州市腾龙芳烃（漳州）有限公司“4·6”爆炸着火重大事故。

（16）2015年广东省深圳市光明新区渣土受纳场“12·20”特别重大滑坡事故。

（17）2016年贵州省遵义市新蒲新区农村饮水安全工程“8·1”生产安全事故。

（18）2016年湖南省永州市道县白马渡镇秀峰庙大桥“8·13”较大坍塌事故。

（19）2016年四川省阆中市宏云江山国际“2016·8·22”较大坍塌事故。

（20）2016年江西省丰城发电厂“11·24”冷却塔施工平台坍塌特别重大事故。

（21）2017年浙江省台州市天台县足馨堂足浴中心“2·5”重大火灾事故。

（22）2017年广东省广州市从化区广州市第七资源热力电厂项目“3·25”较大坍塌事故。

（23）2017年湖北省麻城市五脑山国家森林公园仙山牡丹博览园水上乐园综合楼工程“3·27”模板支架坍塌较大事故。

（24）2017年广东省广州市海珠区中交集团南方总部基地B区项目“7·22”塔吊坍塌较大事故。

（25）2017年广西壮族自治区南宁市隆安县丁当镇污水处理厂配套管网一期工程“9·17”沟槽边坡坍塌较大事故。

（26）2017年国务院办公厅关于西安地铁“问题电缆”事件调查处理情况及其教训的通报。

（27）2018年云南省麻栗坡“1·5”电力线路迁改工程铁塔坍塌较大事故。

（28）2018年广东省佛山市轨道交通2号线一期工程“2·7”透水坍塌重大事故。

（29）2018年海南省五指山市颐园小区三期项目“5·17”塔吊坍塌较大事故。

（30）2018年浙江省杭州市正方实业集团有限公司“9·3”钢板仓坍塌较大事故。

（31）2019年浙江省东阳市花园家居用品市场建设工地“1·25”较大坍塌事故。

（32）2019年四川省成都市双流国际机场交通中心停机坪及滑行道项目“3·21”较大坍塌事故。

（33）2019年四川省绵阳市平武县虎牙水电站“3·31”较大中毒和窒息事故。

（34）2019年河北省衡水市翡翠华庭“4·25”施工升降机轿厢坠落重大事故。

（35）2019年上海市长宁区昭化路148号①幢厂房“5·16”坍塌重大事故。

（36）2019年广西壮族自治区百色市右江区0776酒吧“5·20”房屋坍塌较大事故。

（37）2019年安徽省滁州市全椒县滁来全快速通道跨襄河在建大桥“2019·9·1”较大坍塌事故。

（38）2019年江苏省无锡市“10·10”312国道锡港路上跨桥桥面侧翻较大事故。

（39）2019年广东省广州市天河区中铁五局四公司在建轨道交通十一号线沙河站横通道“12·1”较大坍塌事故。

（40）2020年湖北省武汉市江夏区武汉巴登城生态旅游开发项目一期一（1）二标段“1·5”较大坍塌事故。

(41) 2020年福建省泉州市欣佳酒店"3·7"坍塌事故。

在查阅了很多工程质量安全事故有关新闻报道和参考文献资料后发现，只要工程出现质量和安全问题时，或者查处违法违纪案件时，都要查阅该工程档案资料，从项目档案或项目文件中查找问题的根源。以1999年重庆市綦江县彩虹桥"1·4"特大垮塌事故、2007年湖南省凤凰县堤溪沱江大桥"8·13"特别重大坍塌事故和2016年江西省丰城发电厂"11·24"冷却塔施工平台坍塌特别重大事故为例，从档案内在质量角度分析工程质量安全事故的原因，以及项目档案内在质量与工程质量安全事故的关系。

3.1.1 重庆市綦江县彩虹桥"1·4"特大垮塌事故分析

重庆市綦江县彩虹桥，1994年11月开工建设，1996年2月15日开始使用。1999年1月4日18时50分，重庆市綦江县彩虹桥整体垮塌，造成40人死亡、14人受伤，直接经济损失约631万元[14]。重庆市委、市政府成立了重庆市綦江县彩虹桥"1·4"事故调查领导小组，下设事故调查组和专家组，经过全面认真的调查取证、技术鉴定和综合分析，认定重庆市綦江县彩虹桥"1·4"特大垮塌事故是一次重大责任事故[14]。

事故发生后，重庆市立即成立綦江县彩虹桥"1·4"事故联合调查组并决定：虹桥的修建资料是它历史的记录，是查清虹桥垮塌的关键，必须全部封存，绝不能灭失。截至1999年1月5日19时，綦江县虹桥的所有工程资料全部封存完毕[15]。说明调查组的首要任务就是控制项目文件，以防人为损坏或丢失，影响调查进度和结论。

1999年3月底至4月初，重庆市綦江县彩虹桥"1·4"特大垮塌事故案公开审理，全国直播，中央电视台庭审直播摄制组编制出版了《綦江虹桥垮塌案审判实录》这已经成为世纪之交的重要记忆。该案特别重大、复杂、疑难，因为案值损失大、头绪多，从工程立项到投入使用，牵涉到建筑工程领域的方方面面，涉及人员众多，责任分散，甚至还涉及很多专业性的问题。它不仅作为司法公开的重大事件，先声夺人，更是改革开放以来，在经济急速发展的过程中，及时规范了建筑施工管理和合同行为中的一些乱象，带来巨大的叩问和警示[16]，同时也有助于进一步规范工程建设项目管理；此外，也引起了对项目文件、项目档案在工程建设中的作用和法律地位的思考。

1999年9月13日，经过事故调查组和专家组全面认真地调查取证、技术鉴定和综合分析，重庆市綦江县彩虹桥"1·4"事故调查领导小组形成了《关于綦江县彩虹桥特大垮塌事故调查报告》。该事故的直接原因是工程施工存在十分严重的危及结构安全的质量问题，工程设计也存在一定程度的质量问题；间接原因是该桥建设中严重违反基本建设程序，不执行国家建筑市场管理规定和办法，违法建设、管理混乱；主要包括：建设过程严重违反基本建设程序，未办理立项及计划审批手续，未办理规划、国土手续，未进行设计审查，未进行施工招投标，未办理建筑施工许可手续，未进行工程竣工验收；设计、施工主体资格不合法；管理混乱等共8个原因，综合来看就是工程档案资料管理混乱，无专人管理，档案资料内容严重不齐，各种施工记录签字手续不全，竣工图编制不符合有关规定[17]。通过查阅该事故各种文献资料，上述事故原因，实际上就是项目档案严重缺失，归根到底，就是项目文件存在严重的质量问题，是典型有法不依的工程，从筹划到竣工验收、运行管理的一系列法规制度都没有到得有效执行，没有按基本建设程序履行各种手续，建设管理混乱，有关部门失职，有关人员特别是工程技术人员玩忽职守，没有形成相应的项目文件，是项目档案不完整的表现，从而也导致项目文件不准确、不系统、不规范等内在质量问题。

由于该工程建设单位没有委托监理单位[18]，没有实行建设监理，也就没有监理单位依照法律、行政法规及有关技术标准、设计文件和建筑工程承包合同工程实施过程监督管理和项目档案的审核工作，从而导致项目文件缺失或项目文件内在质量差。如果有监理单位参与，事前、事中和事后控制不疏漏，规范项目文件的形成（包括审查审批和签证等），也许会避免建设管理混乱、六无工程、施工技术不过关、材料质量不合格、质量隐患不排除不整改等，从而避免事故的发生。

该事故案件审理和调查报告中对事故有关责任人员和单位的责任认定，均依据有关人员和单位在工程建设过程中履行职责情况的项目文件是否形成和形成文件的内在质量如何而确定的。

3.1.2 湖南省凤凰县堤溪沱江大桥“8·13”特别重大坍塌事故分析[13]

2007年8月13日16时45分，湖南省湘西土家族苗族自治州凤凰县正在建设的堤溪沱江大桥发生特别重大坍塌事故，造成64人死亡、4人重伤、18人轻伤，直接经济损失3974.7万元[19-20]。国务院组成事故调查组调查认定，湖南省凤凰县堤溪沱江大桥“8·13”特别重大坍塌事故是一起责任事故[19-20]。

2007年8月16日，在国务院湖南凤凰县堤溪沱江大桥“8·13”特别重大垮塌事故调查组成立大会上，国家安全生产监督管理总局局长指出“采取措施封存有关资料，控制相关责任人”；强调“要对大桥施工建设中的每一个环节，都要进行认真细致的调查。调查工作要实事求是，尊重科学。要通过查阅原始资料，现场勘查、实物检测，找当事人询问，充分听取专家意见等方式，把情况搞准、摸实。在查清原因的基础上，以事实为依据，以法律法规为准绳，严肃追究事故责任者[21]”。2007年8月16日，交通部有关方面的专家在湖南省凤凰县堤溪沱江大桥坍塌事故现场的废墟中采样，大桥勘探、立项、设计、施工、监理等各个方面的技术资料已全部被查封，有关机构的财务账也被封存[22-23]。以上均说明监督部门领导和调查组高度重视和落实控制项目文件，且首要任务就是控制项目文件，以防人为损坏或丢失，影响调查进度和结论；同时，也说明了项目文件、项目档案在工程建设中的作用和法律地位的思考。

在湖南省凤凰县堤溪沱江大桥“8·13”特别重大坍塌事故处理结果的通报中，调查组从项目立项、地质勘察、设计、施工、监理和工程管理六个环节入手，通过现场勘察、技术鉴定、查阅资料和询问有关当事人，查明了事故发生的经过、直接原因和间接原因[20]。直接原因是大桥主拱圈砌筑材料未满足规范和设计要求，拱桥上部构造施工工序不合理，主拱圈砌筑质量差[20]。这说明原材料进场报验文件手续不完备、监理把关不严，没有巡查、或巡查没有发现问题、或发现问题不报告不处理、或整改措施不落实，施工方案报审材料不规范或违规操作，工程技术方面的项目文件缺失或内在质量达不到要求。间接原因包括建设、监理、勘察设计、施工、质量监督、湘西土家族苗族自治州、凤凰县两级政府、省州行政主管部门等单位工作缺失等，共21个原因，综合来看，其实就是工程管理方面的项目文件的严重缺失和项目文件内在质量差。这说明各单位在工程建设中一系列法规制度都没有得到有效执行，即使发现质量安全隐患也不排除、不整改，没有产生和形成相应的项目文件，如施工方案变更没有向监理单位申报变更文件、原材料没有报验，没有留下痕迹；或形成的项目文件存在内在质量问题，如设计交底、监理日志、监理旁站记录、巡查记录、验收文件、整改文件等存在内在质量达不到工程技术标准和规程规范要求。通过查阅该事故各种文献资料，从档案内在质量角度分析，归根到底，该事故的原因就是项目文件存在严重的质量问题，是典型有法不依的工程，建设管理混乱，有关部门失职，有关人员特别是工程技术人员玩忽职守，从而也导致项目文件不准确、不系统、不规范等内在质量问题。

该事故处理结果的通报提出了对事故责任人员及责任单位的处理，依据有关人员和单位在工程建设过程中履行职责情况的项目文件是否形成和形成文件的内在质量如何而确定的。

3.1.3 江西省丰城发电厂“11·24”冷却塔施工平台坍塌特别重大事故分析

2016年11月24日，江西省丰城发电厂三期扩建工程发生冷却塔施工平台坍塌特别重大事故，造成73人死亡、2人受伤，直接经济损失10197.2万元。国务院批准成立了国务院江西省丰城发电厂“11·24”冷却塔施工平台坍塌特别重大事故调查组（以下简称事故调查组），由国家安全生产监督管理总局（以下简称“国家安监总局”）牵头，公安部、监察部、住房和城乡建设部、国务院国资委、质量监督检验检疫总局、中华全国总工会、国家能源局以及江西省政府派员参加，全面负责事故调查工作。同时，邀请最高人民检察院派员参加，并聘请了建筑施工、结构工程、建筑材料、工程机械等方面专家参与事故调查工作。事故调查组坚持“科学严谨、依法依规、实事求是、注重实效”的原则，通过现场勘验、调查取证、检测鉴定、模拟试验、专家论证，查明了事故发生的经过、原因、人员伤亡和直接经济损失情况，认定了事故性质和责任，提出了对有关责任人员和责任单位的处理意见，以及加强和改进工作的措施建议。事故调查组调查认定，江西省丰城发电厂“11·24”冷却塔施工平台坍塌特别重大事故是一起生产安全责任事故[24]。2017年9月15日国家安监总局网站公布了江西丰城发电厂“11·24”冷却塔施工平台坍塌特别重大事故调查报告（简称“11·24”调查报告），中国安全生产网等媒体进行了转载。

3.1.3.1 基本情况[24]

根据“11·24”调查报告，基本情况如下。

1. 江西省丰城发电厂三期扩建工程概况

（1）工程总体概况。江西省丰城发电厂三期扩建工程建设规模为2台1000MW发电机组，总投资额为76.7亿元，属江西省电力建设重点工程。其中，建筑和安装部分主要包括7号、8号机组建筑安装工程，电厂成套设备以外的辅助设施建筑安装工程，7号、8号冷却塔和烟囱工程等，共分为A、B、C、D标段。

（2）7号冷却塔工程概况。事发7号冷却塔属于江西丰城发电厂三期扩建工程D标段，是三期扩建工程中两座逆流式双曲线自然通风冷却塔（图3.1）其中一座，采用钢筋混凝土结构。两座冷却塔布置在主厂房北侧，整体呈东西向布置，塔中心间距197.1m。7号冷却塔位于东侧，设计塔高165m，塔底直径132.5m，喉部高度132m，喉部直径

75.19m，筒壁厚度0.23～1.1m。

图3.1 冷却塔外观及剖切效果图

筒壁工程施工采用悬挂式脚手架翻模工艺，以三层模架（模板和悬挂式脚手架）为一个循环单元循环向上翻转施工，第1节、第2节、第3节（自下而上排序）筒壁施工完成后，第4节筒壁施工使用第1节的模架，随后，第5节筒壁使用第2节筒壁的模架，以此类推，依次循环向上施工。脚手架悬挂在模板上，铺板后形成施工平台，筒壁模板安装与拆除、钢筋绑扎、混凝土浇筑均在施工平台及下挂的吊篮上进行。模架自身及施工荷载由浇筑好的混凝土筒壁承担。

7号冷却塔内布置1台YDQ26×25－7液压顶升平桥，距离塔中心30.98m，方位为西偏北19.87°。冷却塔施工模拟见图3.2。

图3.2 冷却塔施工模拟图

7号冷却塔于2016年4月11日开工建设，4月12日开始基础土方开挖，8月18日完成环形基础浇筑，9月27日开始筒壁混凝土浇筑，事故发生时，已浇筑完成第52节筒壁混凝土，高度为76.7m。

2. 项目立项及批准情况

2013年8月，江西丰城发电厂三期扩建工程项目完成初步可行性研究工作，12月通过江西省发展和改革委组织的初步可行性评审。

2014 年 1 月，江西省发展和改革委员会以《关于丰城发电厂三期扩建项目开展前期工作的请示》（赣发改能源〔2014〕43 号）上报国家能源局，申请本期工程开展前期工作。

2014 年 5 月，该项目完成可行性研究工作，6 月通过中国国际工程咨询公司工程可行性研究报告审查。

2015 年 1 月，江西省能源局以《关于江西赣能股份有限公司开展丰城发电厂三期扩建工程项目前期工作的函》（赣能电力函〔2015〕21 号）同意该项目开展前期工作。

2015 年 7 月，江西省发展和改革委员会以《关于丰城发电厂三期扩建工程项目核准的批复》（赣发改能源〔2015〕457 号）核准该项目建设。

3. 相关参建单位及工程组织实施情况

（1）工程建设方。江西赣能股份有限公司丰城三期发电厂（以下简称丰城三期发电厂）为项目的法定建设单位，是江西赣能股份有限公司（以下简称江西赣能股份公司）的子公司，江西赣能股份公司控股股东为江西省投资集团公司（以下简称江西投资集团）。

江西投资集团成立了丰城发电厂三期扩建工程项目建设领导小组，领导小组由江西投资集团、江西赣能股份公司、丰城二期发电厂等相关人员组成。领导小组下设工程建设指挥部，工程建设指挥部组织架构采用丰城发电厂二期和三期一体化管理模式，安全监督等工作均由丰城二期发电厂相应职能部门安排专人负责，新设置三期扩建工程项目工程部、综合部和生产准备办，负责三期扩建工程项目的内外协调、工程安全、质量、进度、控价、生产准备等工作，人员由丰城二期发电厂内部抽调。工程项目参建单位关系见图 3.3。

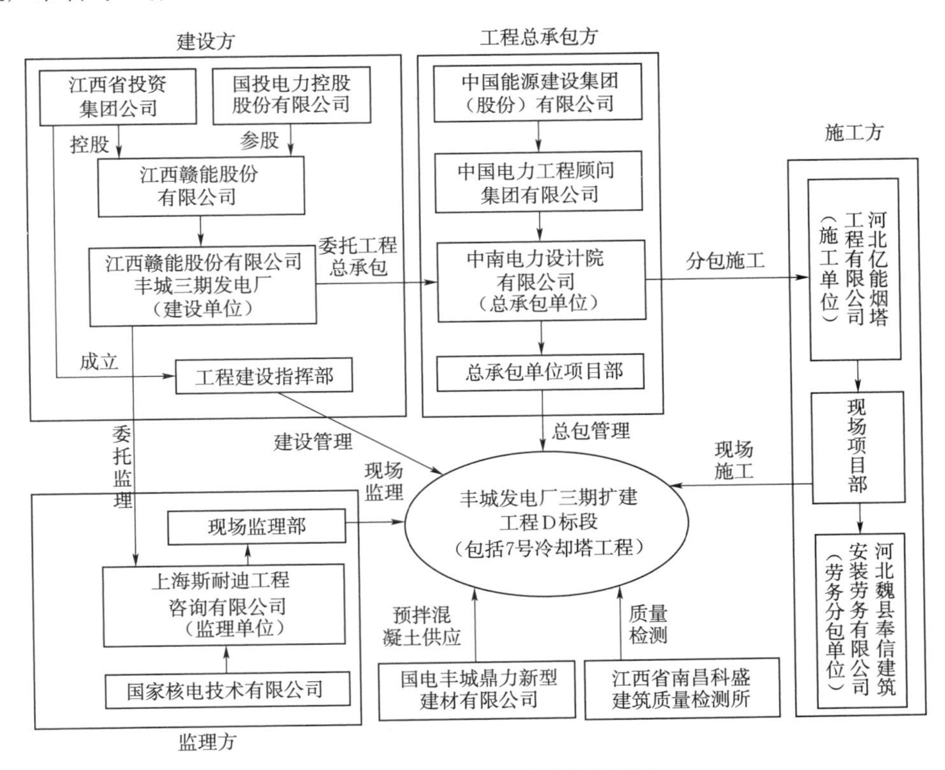

图 3.3　工程项目参建单位关系图

（2）工程监理方。上海斯耐迪工程咨询有限公司（以下简称上海斯耐迪公司）为项目的监理单位，具有电力工程、机电安装工程、房屋建筑工程监理甲级资质，其业务经营由国家核电技术有限公司直接管理。

2016年1月，上海斯耐迪公司与丰城三期发电厂签订了《江西丰城发电厂三期2×1000MW超临界机组扩建工程监理合同》。合同规定监理单位对施工准备、试桩、地基处理、采购、土建、安装及调试、竣工验收、达标创优、工程竣工结算及保修服务进行全过程监理。上海斯耐迪公司成立了丰城发电厂三期扩建工程项目监理部（以下简称项目监理部），下设综合管理组、土建监理组、安全调试监理组、安全监理组。

（3）工程总承包方。中南电力设计院有限公司（以下简称中南电力设计院）为项目的工程总承包单位，具有甲级工程设计综合资质，持有建筑施工安全生产许可证，是中国电力工程顾问集团有限公司（以下简称中电工程集团）的全资子公司，中电工程集团是中国能源建设集团（股份）有限公司的全资子公司。

2015年11月，中南电力设计院与丰城三期发电厂签订了《江西丰城发电厂三期扩建工程项目EPC总承包合同》，工期为2015年11月30日至2018年2月28日。合同范围包括全部工程勘察设计、设备材料采购供应、工程实施全面管理、建筑、安装、调试、试运、技术服务、培训、功能试验直至验收交付生产、工程创优以及在质量保修期内的消缺保修服务等全过程的EPC总承包工作。2015年12月10日，中南电力设计院成立了江西丰城发电厂三期扩建工程总承包项目部（以下简称总承包单位项目部），对工程项目进行具体组织实施和控制，对项目的质量、安全、费用和进度目标全面负责。

（4）施工、劳务、混凝土供应方。河北亿能烟塔工程有限公司（以下简称河北亿能公司）为7号冷却塔施工单位，具有建筑工程施工总承包一级资质，持有建筑施工安全生产许可证。

2016年3月18日，河北亿能公司与中南电力设计院签订了《江西丰城发电厂三期扩建工程施工D标段一冷却塔与烟囱施工合同》，计划工期为2016年3月20日至2017年8月25日。主要施工内容包括7号、8号冷却塔和烟囱施工。2016年3月26日，河北亿能公司成立了江西丰城发电厂三期扩建工程项目部（以下简称施工单位现场项目部），在总承包单位项目部统一管理下，具体负责7号冷却塔施工。

河北魏县奉信建筑安装劳务有限公司（以下简称魏县奉信劳务公司）为7号冷却塔劳务分包单位，具有模板脚手架专业承包资质，持有建筑施工安全生产许可证。2016年4月10日，魏县奉信劳务公司与河北亿能公司签订了《江西丰城发电厂三期扩建工程冷却塔主体工程施工合同》，承包方式为包清工＋包部分材料机具，由魏县奉信劳务公司提供劳务作业队伍，负责7号、8号冷却塔主体工程施工图设计范围内所有劳务作业。经查，在7号冷却塔基础工程施工中，施工单位项目部指定社会自然人宋旭方以魏县奉信劳务公司名义组织劳务作业队伍；在上部筒壁工程施工中，施工单位项目部更换了劳务作业队伍，指定社会自然人白书平以魏县奉信劳务公司名义组织劳务作业队伍。

国电丰城鼎力新型建材有限公司（以下简称丰城鼎力建材公司）是7号冷却塔预拌混凝土供应单位。2016年7月22日，丰城鼎力建材公司与河北亿能公司签订了《商品混凝土采购合同》，由丰城鼎力建材公司负责供应商品混凝土。经查，丰城鼎力建材公司在未获批准的情况下，于 2016 年 4 月在丰城发电厂三期扩建工程施工现场设立混凝土搅拌站，开始供应混凝土。

3.1.3.2 事故经过及应急救援处置情况[24]

根据“11·24”调查报告，事故经过及应急救援处置等情况如下。

1. 事故经过

2016 年 11 月 24 日 6 时许，混凝土班组、钢筋班组先后完成第 52 节混凝土浇筑和第 53 节钢筋绑扎作业，离开作业面。5 个木工班组共 70 人先后上施工平台，分布在筒壁四周施工平台上拆除第 50 节模板，并安装第 53 节模板。此外，与施工平台连接的平桥上有 2 名平桥操作人员和 1 名施工升降机操作人员，在 7 号冷却塔底部中央竖井、水池底板处有 19 名工人正在作业。

7 时 33 分，7 号冷却塔第 50～52 节筒壁混凝土从后期浇筑完成部位（西偏南 15°～16°，距平桥前桥端部偏南弧线距离约 28m 处）开始坍塌，沿圆周方向向两侧连续倾塌坠落，施工平台及平桥上的作业人员随同筒壁混凝土及模架体系一起坠落，在筒壁坍塌过程中，平桥晃动、倾斜后整体向东倒塌，事故持续时间 24s。部分事故现场见图 3.4～图 3.6。

图 3.4 事故现场鸟瞰图

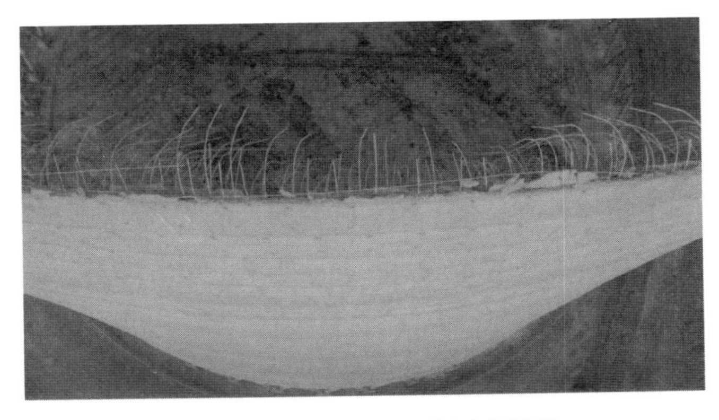

图 3.5 第 49 节筒壁顶部残留钢筋

图 3.6 事故现场坍塌平桥

2. 人员伤亡和经济损失

事故导致73人死亡（其中70名筒壁作业人员、3名设备操作人员），2名在7号冷却塔底部作业的工人受伤，7号冷却塔部分已完工工程受损。依据《企业职工伤亡事故经济损失统计标准》（GB 6721—1986）等标准和规定统计，核定事故造成直接经济损失为10197.2万元。

3. 事故信息接报及前期应急处置情况

2016年11月24日7时43分，江西省丰城市公安局110指挥中心接到河北亿能公司现场施工人员报警，称丰城发电厂三期扩建工程发生坍塌事故。110指挥中心立即将接警信息通知丰城市公安消防大队、120急救中心、丰城市政府应急管理办公室等单位和部门。

8时7分，丰城市委、市政府主要负责同志立即调派公安、安全监管、住房城乡建设、医疗、交通等单位携带挖掘机、吊车、铲车等重型机械设备赶赴现场处置。8时15分，丰城市委办公室、市政府应急管理办公室分别向宜春市委值班室、市政府应急管理办公室电话汇报事故情况。8时50分，丰城市委办公室、市政府应急管理办公室分别向宜春市委值班室、市政府应急管理办公室报告事故信息。

9时3分，江西省政府相关负责同志调度了解事故现场伤亡情况后，启动省级安全生产事故灾难应急预案。

9时13分，宜春市政府值班室向江西省政府值班室报告事故信息。

9时30分，国家安全生产应急救援指挥中心调度国家（区域）矿山应急救援乐平队，江西省矿山救护总队、丰城大队、新余大队，丰城市矿山救护队及部分安全生产应急救援骨干队伍携带无人机、生命探测仪、破拆及发电等设备参加救援。

9时50分，江西省政府值班室向国务院应急办报告事故信息。

10时30分，江西省政府主要负责同志抵达事故现场，对人员搜救等工作作出安排，决定成立事故救援指挥部（以下简称救援指挥部），由江西省政府相关负责同志担任救援指挥部总指挥，救援指挥部下设现场救援、安全保卫、医疗等7个小组。

11时20分，江西省委主要负责同志抵达事故现场指导救援和善后工作。

4. 事故现场应急处置情况

救援指挥部调集3370余人参加现场救援处置，调用吊装、破拆、无人机、卫星移动通信等主要装备、车辆640余台套及10条搜救犬。救援指挥部通过卫星移动通信指挥车、微波图传、4G单兵移动通信等设备将现场图像实时与国务院应急办、公安部、国家安监总局、江西省政府连通，确保了救援过程的精准研判、科学指挥。

救援指挥部按照“全面排查信息、快速确定埋压位置、合理划分救援区域、全力开展搜索营救”的救援方案，将事故现场划分为东1区、东2区、南1区、南2区、西区、北1区、北2区等7个区，每个区配置2个救援组轮换开展救援作业。按照“由浅入深、由易到难，先重点后一般”的原则，救援人员采取“剥洋葱”的方式，用挖掘机起吊废墟、牵引移除障碍物，每清理一层就用雷达生命探测仪和搜救犬各探测一次，全力搜救被埋压人员。

11月24日18时、11月25日11时，救援指挥部分别召开了新闻发布会，通报事故救援和善后处置工作情况。

截至2016年11月25日12时，事故现场搜索工作结束，在确认现场无被埋人员后，救援指挥部宣布现场救援行动结束。

5. 医疗救治及善后情况

丰城市120急救中心接报后立即派出第一批3辆救护车赶赴事故现场将伤员送往医院。丰城市人民医院开辟了“绿色通道”，安排事故伤员直接入院检查、治疗，按照一级护理标准提供24小时专人护理服务。11月24日11时，救援指挥部调集的南昌大学第一附属医院第一批医疗专家赶到丰城市指导救助伤员。

救援指挥部成立了善后处置组，下设9个工作服务小组，按照每名遇难者一个工作班子的服务对接工作机制，做好遇难者家属的情绪疏导、心理安抚、赔偿协商、生活保障等工作。截至2016年11月30日，事故各项善后事宜基本完成。

3.1.3.3 事故直接原因

根据“11·24”调查报告中“三、事故直接原因”与对应的项目档案资料证据，调查认定事故的直接原因是：施工单位在7号冷却塔第50节筒壁混凝土强度不足的情况下，违规拆除第50节模板，致使第50节筒壁混凝土失去模板支护，不足以承受上部荷载，从底部最薄弱处开始坍塌，造成第50节及以上筒壁混凝土和模架体系连续倾塌坠落。坠落物冲击与筒壁内侧连接的平桥附着拉索，导致平桥也整体倒塌。具体分析如下：

1. 混凝土强度情况

7号冷却塔第50节模板拆除时，第50节、51节、52节筒壁混凝土实际小时龄期分别为29～33h、14～18h、2～5h。

根据丰城市气象局提供的气象资料，2016年11月21—24日期间，当地气温骤降，分别为17～21℃、6～17℃、4～6℃和4～5℃，且为阴有小雨天气，这种气象条件延迟了混凝土强度发展。

事故调查组委托检测单位进行了同条件混凝土性能模拟试验，采用第49～52节筒壁混凝土实际使用的材料，按照混凝土设计配合比的材料用量，模拟事发时当地的小时温湿度，拌制的混凝土入模温度为8.7～14.9℃。试验结果表明，第50节模板拆除时，第50节筒壁混凝土抗压强度为0.89～2.35MPa；第51节筒壁混凝土抗压强度小于0.29MPa；第52节筒壁混凝土无抗压强度。而按照国家标准中的强制性条文，拆除第50节模板时，第51节筒壁混凝土强度应该达到6MPa以上。

对7号冷却塔拆模施工过程的受力计算分析表明，在未拆除模板前，第50节筒壁根部能够承担上部荷载作用，当第50节筒壁5个区段分别开始拆模后，随着拆除模板数量的增加，第50节筒壁混凝土所承受的弯矩迅速增大，直至超过混凝土与钢筋界面黏结破坏的临界值。

项目档案资料证据：查询混凝土施工记录和当时气象资料，模拟试验和检测及其分析资料，判断冷却塔施工平台坍塌原因。

2. 平桥倒塌情况

经查看事故监控视频及问询现场目击证人，认定7号冷却塔第50～52节筒壁混凝土和模架体系首先倒塌后，平桥才缓慢倒塌。经计算分析，平桥附着拉索在混凝土和模架体系等坠落物冲击下发生断裂，同时，巨大的冲击张力迅速转换为反弹力反方向作用在塔身上，致使塔身下部主弦杆应力剧增，瞬间超过抗拉强度，塔身在最薄弱部位首先断裂，并导致平桥整体倒塌。

项目档案资料证据：查看监控视频资料和问询现场目击证人记录，计算分析资料，判断平桥整体倒塌原因。

3. 人为破坏等因素排除情况

经调查组现场勘查、计算分析，排除了人为破坏、地震、设计缺陷、地基沉降、模架体系缺陷等因素引起事故发生的可能。

项目档案资料证据：根据现场勘查记录和计算分析成果，排除人为破坏等因素。

3.1.3.4 相关施工管理情况

根据“11·24”调查报告，分析调查报告中“四、相关施工管理情况”对应的项目文件质量。

经调查，在7号冷却塔施工过程中，施工单位为完成工期目标，施工进度不断加快，导致拆模前混凝土养护时间减少，混凝土强度发展不足；在气温骤降的情况下，没有采取相应的技术措施加快混凝土强度发展速度；筒壁工程施工方案存在严重缺陷，未制定针对性的拆模作业管理控制措施；对试块送检、拆模的管理失控，在实际施工过程中，劳务作业队伍自行决定拆模。具体事实如下：

1. 工期调整情况

按照中南电力设计院与河北亿能公司签订的施工合同，7号冷却塔施工工期为2016年4月15日到2017年6月25日，共437天。

2016年4月1日，施工单位项目部编制了《施工D标段冷却塔与烟囱施工组织设计》，7号冷却塔施工工期调整为2016年4月15日到2017年4月30日，其中筒壁工程工期为2016年10月1日至2017年4月30日，共212天。

2016年7月27日，在施工单位项目部报送的8月份进度计划报审表中，建设单位提出“烟囱及7号冷却塔应考虑力争年底到顶计划”的要求。

2016年7月28日，在总承包单位项目部报送建设单位、监理单位的工程联系单《关于里程碑计划事宜》中，施工单位项目部将7号冷却塔施工工期调整为2017年1月18日结构封顶。2016年8月1日，建设单位签署：“同意暂按调整计划执行，合同考核工期另行协商”。

实际施工中，7号冷却塔基础、人字柱、环梁部分基本按照施工组织设计进度计划施工。但在7月28日的调整中，筒壁工程工期由2016年10月1日至2017年4月30日调整为2016年10月1日至2017年1月18日，工期由212天调整为110天，压缩了102天。

7号冷却塔工期调整后，建设单位、监理单位、总承包单位项目部均没有对缩短后的工期进行论证、评估，也未提出相应的施工组织措施和安全保障措施。

分析项目文件质量：查询合同文件、施工组织设计、进度计划报审表、工程联系单等项目文件，建设单位、监理单位、总承包单位项目部没有形成7号冷却塔工期缩短后论证、评估文件及相应的施工组织措施和安全保障措施文件，项目文件质量没有达到完整、准确和规范的要求。

2.“大干100天”活动情况

2016年上半年，由于设计、采购和设备制造等原因，丰城发电厂三期扩建工程实际施工进度和合同计划相比滞后较多，建设单位向总承包单位项目部提出策划“大干100天”活动，促进完成2016年度计划和2017年春节前工作目标。

2016年8月9日至9月6日，建设单位、监理单位连续5次在监理协调会（第28～32次）上提出“8月底要掀起大干100天现场施工高潮，总包和各施工单位要对大干100天进行策划”等要求。

2016年9月5日，总承包单位项目部组织各标段施工单位项目部编制了《“大干100天”活动策划方案》，并报监理单位、建设单位批准。方案对烟囱冷却塔、主厂房主体结构、锅炉及电厂成套设备以外的辅助设施等施工项目确定了形象进度和节点目标，要求各施工单位加大人力资源和施工资源投入，将计划施工内容分解到月进度计划、周进度计划，采取加班、连班、24小时倒班等措施加快施工进度。

2016年9月13日，建设单位、监理单位、总承包单位和各标段及辅助工程施工单位共同启动了“大干100天”活动，活动时间从2016年9月15日至2017年1月15日。当日，建设单位、监理单位、总承包单位三家签订了“大干100天”目标责任书，其中7号冷却塔筒壁工期为2016年10月1日至2017年1月18日（与7月28日总承包单位项目部工程联系单《关于里程碑计划事宜》上的工期一致）。

在“大干100天”活动期间，施工单位项目部定期报送7号冷却塔月进度计划、周进度计划，项目监理部、总承包单位项目部定期督促进度计划的实施。项目监理部先后5次在月进度计划报审表上或工程协调会上要求严格按照“大干100天”策划方案施工，加大对责任单位的考核。

“大干100天”活动严格限定了7号冷却塔施工进度。

分析项目文件质量：根据相关项目文件中依次表述“大干100天”活动的相关事项，可以判断这些项目文件质量没有达到准确和规范的要求。

3. 筒壁工程施工方案管理情况

施工单位项目部于2016年9月14日编制了《7号冷却塔筒壁施工方案》，经项目部工程部、质检部、安监部会签，报项目部总工程师于9月18日批准后，分别报送总承包单位项目部、项目监理部、建设单位工程建设指挥部审查，9月20日上述各单位完成审查。

施工方案中计划工期为2016年9月27日至2017年1月18日，内容包括筒壁工程施工工艺技术、强制性条文、安全技术措施、危险源辨识及环境辨识与控制等部分。施工单位项目部未按规定将筒壁工程定义为危险性较大的分部分项工程。

施工方案在强制性条文部分列入了《双曲线冷却塔施工与质量验收规范》（GB 50573—2010）第6.3.15条“采用悬挂式脚手架施工筒壁，拆模时其上节混凝土强度应达到6MPa以上”，但并未制定拆模时保证上节混凝土强度不低于6MPa的针对性管理控制措施。

施工方案在危险源辨识及环境辨识与控制部分，对模板工程和混凝土工程中可能发生的坍塌事故仅辨识出1项危险源，即“在未充分加固的模板上作业”。

施工方案编制完成后，施工单位项目部工程部进行了安全技术交底。截至事故发生时，施工方案未进行修改。

分析项目文件质量：项目文件《7号冷却塔筒壁施工方案》的形成缺乏准确和规范，没有制定拆模时保证上节混凝土强度不低于6MPa的针对性管理控制措施文件，且没有施工方案修改完善文件；总承包单位项目部、项目监理部、建设单位工程建设指挥部对项目文件审查工作不到位、不严格，造成项目文件没有达到准确和规范的要求。

4. 模板拆除作业管理情况

按施工正常程序，各节筒壁混凝土拆模前，应由施工单位项目部试验员将本节及上一节混凝土同条件养护试块送到总承包单位项目部指定的第三方试验室（江西省南昌科盛建筑质量检测所）进行强度检测，并将检测结果报告施工单位项目部工程部长，工程部长视情况再安排劳务作业队伍进行拆模作业。

按照2016年4月6日施工单位项目部报送的7号冷却塔工程施工质量验收范围划分表，筒壁工程的模板安装和拆除作业属于现场见证点，需要施工单位、总承包单位、监理单位见证和验收拆模作业。

经查，施工单位项目部从未将混凝土同条件养护试块送到总承包单位指定的第三方试验室进行强度检测，偶尔将试块违规送到丰城鼎力建材公司搅拌站进行强度检测。2016年11月23日下午，施工单位项目部试验员在进行7号冷却塔第50节模板拆除前的试块强度送检时，发现第50节、第51节筒壁混凝土同条件养护试块未完全凝固无法脱模，于是试验员将2块烟囱工程的试块取出送到混凝土搅拌站进行强度检测。经检测，烟囱试块强度值不到1MPa。试验员将上述情况电话报告给工程部部长宋永壮，至事故发生时，宋永壮未按规定采取相应有效措施。

施工单位项目部在7号冷却塔筒壁施工过程中，没有关于拆模作业的管理规定，也没有任何拆模的书面控制记录，也从未在拆模前通知总承包单位和监理单位。除施工单位项目部明确要求暂停拆模的情况外，劳务作业队伍一直自行持续模板搭设、混凝土浇筑、钢筋绑扎、拆模等工序的循环施工。

分析项目文件质量：查阅7号冷却塔工程施工质量验收范围划分表，混凝土同条件养护试块强度检测成果文件不符合要求，没有任何拆模的书面控制记录；检测成果不满足要求时，没有形成按规定采取相应有效措施的文件，没有拆模的书面控制记录，也没有在拆模前通知总承包单位和监理单位的文件。由此造成项目文件没有达到完整、准确、系统、规范和安全的要求。

5. 关于气温骤降的应对管理情况

施工单位项目部在获知2016年11月21—24日期间气温骤降的预报信息后，施工单位项目部总工程师安排工程部通知试验室，增加早强剂并调整混凝土配合比，以增加混凝土早期强度。但直至事故发生，该工作没有得到落实。

河北亿能公司于11月14日印发《关于冬期施工的通知》（亿能工字〔2016〕3号），要求公司下属各项目部制定本项目的《冬期施工方案》，并且在11月17日前上报到公司工程部审批、备案且严格执行。施工单位项目部总工程师、工程部长认为当时江西丰城的天气条件尚未达到冬期施工的标准，直至事故发生时，项目部一直没有制定冬期施工方案。

分析项目文件质量：施工单位项目部没有增加早强剂并调整混凝土配合比的资料，也没有制定冬期施工方案的项目文件。没有形成文件则没有落实措施，造成项目文件没有达到完整、准确、系统和规范的要求。

3.1.3.5 有关责任单位存在的主要问题

根据“11·24”调查报告中“五、有关责任单位存在的主要问题”以及对应的项目文件或项目档案存在内在质量问题，分析如下。

1. 河北亿能公司

(1) 安全生产管理机制不健全。7号冷却塔的施工单位河北亿能公司未按规定设置独立安全生产管理机构，安全管理人员数量不符合规定要求；未建立安全生产“一岗双责”责任体系，未按规定组织召开公司安全生产委员会会议，对安全生产工作部署不足。公司及项目部技术管理、安全管理力量与发展规模不匹配，对施工现场的安全、质量管理重点把控不准确。

项目档案资料内在质量问题：项目文件中安全管理人员名单中数量没有达到规定要求，没有设置独立安全生产管理机构文件，没有形成安全生产“一岗双责”责任体系文件，没有召开会议也就没有形成会议纪要。

(2) 对项目部管理不力。公司派驻的项目经理长期不在岗，安排无相应资质的人员实际负责项目施工组织。公司未要求项目部将筒壁工程作为危险性较大的分部分项工程进行管理，对项目部的施工进度管理缺失。对施工现场检查不深入，缺少技术、质量等方面内容，未发现施工现场拆模等关键工序管理失控和技术管理存有漏洞等问题。

项目档案资料内在质量问题：工程现场人员考勤表、岗位人员相关证件、项目部施工日志、巡查记录，或有关监管等项目文件存在错漏、残缺的内在质量问题。

(3) 现场施工管理混乱。项目部指定社会自然人组织劳务作业队伍挂靠劳务公司，施工过程中更换劳务作业队伍后，未按规定履行相关手续。对劳务作业队伍以包代管，夜间作业时没有安排人员带班管理。安全教育培训不扎实，安全技术交底不认真，未组织全员交底，或交底内容缺乏针对性。在施工现场违规安排垂直交叉作业，未督促整改劳务作业队伍习惯性违章、施工质量低等问题。

项目档案资料内在质量问题：没有劳务作业队伍的管理文件，更换队伍未履行相关手续资料，或安全教育、安全技术交底及施工管理等文件质量存在问题。

（4）安全技术措施存在严重漏洞。项目部未将筒壁工程作为危险性较大的分部分项工程进行管理；筒壁工程施工方案存有重大缺陷，未按要求在施工方案中制定拆模管理控制措施，未辨识出拆模作业中存在的重大风险。在2016年11月22日气温骤降、外部施工条件已发生变化的情况下，项目部未采取相应技术措施。在上级公司提出加强冬期施工管理的要求后，项目部未按要求制定冬期施工方案。

项目档案资料内在质量问题：编制的施工方案存在技术缺陷，没有制定拆模管理控制措施、没有制定冬期施工方案、没有突发事件相应技术措施等项目文件。

（5）拆模等关键工序管理失控。项目部长期任由劳务作业队伍凭经验盲目施工，对拆模工序的管理失控，在施工过程中不按施工技术标准施工，实际形成了劳务作业队伍自行决定拆模和浇筑混凝土的状况。未按施工质量验收的规定对拆模工作进行验收，违反拆模前必须报告总承包单位及监理单位的管理要求。对筒壁工程混凝土同条件养护试块强度检测管理缺失，大部分筒节混凝土未经试压即拆模。

项目档案资料内在质量问题：施工过程各工序、养护、检测、监督管理和验收等手续不齐全或没办理，没有相应的项目文件或项目文件存在质量问题。

2. 魏县奉信劳务公司

7号冷却塔的劳务单位魏县奉信劳务公司违规出借资质，以内部承包及授权委托的形式，允许社会自然人以公司名义与河北亿能公司签订承包合同，仅收取管理费，未对社会自然人组织的劳务作业队伍进行实际管理。未按规定与劳务作业人员签订劳动合同。劳务作业队伍仅配备无资质的兼职安全员，凭经验、按习惯施工，长期违章作业。

项目档案资料内在质量问题：缺少劳务合同管理、劳务人员管理及培训等项目文件，项目文件要求落实措施不到位。

3. 丰城鼎力建材公司

7号冷却塔的混凝土供应单位丰城鼎力建材公司在2016年4月未获得工商许可、无预拌混凝土专业承包资质、未通过环境保护等部门验收批复、尚未获得设立批复的情况下违规向丰城发电厂三期扩建工程项目供应商品混凝土。生产经理不具备混凝土生产的相关知识和经验，内部试验室人员配备不符合规定要求。生产关键环节把控不严，未严格按照混凝土配合比添加外加剂，无浇筑申请单即供应混凝土。

项目档案资料内在质量问题：没有生产经营支撑证照和相关文件，人员和管理的项目文件不符合要求，措施落实不到位。

4. 中南电力设计院

（1）管理层安全生产意识薄弱，安全生产管理机制不健全。工程总承包单位中南电力设计院对安全生产工作不重视，未按规定设置独立安全生产管理机构和安全总监岗位，频繁调整安全生产工作分管负责人。作为以勘察设计为主业的企业，在经营业务延伸到工程总承包后，对工程总承包安全生产管理的重要性认识不足，安全生产管理机制不完善，安全生产考核制度有效性不强。

项目档案资料内在质量问题：没有形成设置安全生产管理机构和安全总监岗位的项目文件，安全生产管理机制和安全生产考核制度等文件不完善、有效性差、落实不到位。

(2) 对分包施工单位缺乏有效管控。履行总承包施工管理职责缺位，未按规定要求施工单位项目部将筒壁工程作为危险性较大的分部分项工程进行管理。对筒壁工程施工方案审查不严格，未发现筒壁工程施工方案中存在的重大缺陷。当地气温骤降后，未督促施工单位项目部及时采取相应的技术措施。组织安全检查不认真、不深入，未发现和制止施工单位项目部违规拆模和浇筑混凝土等不按施工技术标准施工的行为。

项目档案资料内在质量问题：审查项目文件（施工方案）不严格，对文件的准确和规范把控不到位，缺乏应急措施；安全检查记录文件不细致、不全面，发现问题没有及时处置文件，从而导致对分包施工单位缺乏有效管控。

(3) 项目现场管理制度流于形式。项目经理每月常驻施工现场时间不满足合同规定要求。项目部未按规定现场见证筒壁工程拆模作业，未对拆模作业进行验收，未严格执行施工现场混凝土浇筑申请的相关审核规定。未组织和督促相关单位合理评估 7 号冷却塔工期缩短的可行性、安全性，并提出相应措施要求。对安全教育培训和应急演练工作不重视，项目部自成立至事故发生，未组织开展过项目全员安全生产应急演练。

项目档案资料内在质量问题：合同文件约定没有落实，现场管理项目文件（见证记录、验收单、巡查记录、安全教育培训、应急演练）等缺失，从而未发现和制止施工单位项目部违规拆模等行为。

(4) 部分管理人员无证上岗，不履行岗位职责。公司及项目部部分人员未取得相应岗位资格证书，工程部、质量安健环部相关人员没有冷却塔施工管理相关工作经验，不具备满足岗位需要的业务能力，对相关业务要求不了解，对施工现场隐患整改情况未掌握。

项目档案资料内在质量问题：涉及管理人员的项目文件不齐全、不规范、不符合岗位要求。

5. 中电工程集团

中电工程集团作为中南电力设计院的上级公司，未正确处理安全与发展的关系，对总承包项目的安全风险重视不够，未建立健全与总承包项目发展规模相匹配的制度，未按上级公司要求设置独立的安全生产管理机构和安全总监岗位，未按规定组织召开公司安全生产委员会会议，对安全生产工作研究部署不够。未严格按规定要求组织开展安全生产大检查，检查工作没有全覆盖，未对列为安全生产重点监控项目的丰城发电厂三期扩建工程进行检查。对中南电力设计院安全生产管理机构及制度不健全等问题督促整改不力。

项目档案资料内在质量问题：没有上下级相匹配的制度、机构、岗位、会议的相关项目文件，安全生产大检查文件（记录）没有落实或遗漏重点对象，从而导致未有效督促其认真执行安全生产法规标准。

6. 中国能源建设集团（股份）有限公司

中国能源建设集团（股份）有限公司作为中电工程集团的上级公司，对总承包项目的安全风险重视不够，未建立健全与总承包项目发展规模相匹配的制度，未按规定设置独立的安全生产管理机构，未按规定组织召开公司安全生产委员会会议，对安全生产工作研究部署不够。未认真组织开展安全生产大检查，对中电工程集团安全大检查工作流于形式的问题未掌握，对中电工程集团安全生产管理机构及制度不健全等问题督促整改不力。

项目档案资料内在质量问题：没有上下级相匹配的制度、机构、会议的相关项目文件，安全生产大检查文件（记录）没有落实、流于形式或督促整改不力，造成未有效督促其认真执行安全生产法规标准。

7. 上海斯耐迪公司

（1）对项目监理部监督管理不力。监理单位上海斯耐迪公司对项目监理部的人员配置不满足监理合同要求，项目监理部土建监理工程师数量不满足日常工作需要，部分新入职人员未进行监理工作业务岗前培训。公司在对项目监理部的检查工作中，未发现和纠正现场监理工作严重失职等问题。

项目档案资料内在质量问题：合同文件执行不到位（专业配置、人员数量和岗前培训），监督检查文件没有发现和纠正现场监理工作严重失职等问题。

（2）对拆模工序等风险控制点失管失控。项目监理部未按照规定细化相应监理措施，未提出监理人员要对拆模工序现场见证等要求。对施工单位制定的7号冷却塔施工方案审查不严格，未发现方案中缺少拆模工序管理措施的问题，未纠正施工单位不按施工技术标准施工、在拆模前不进行混凝土试块强度检测的违规行为。

项目档案资料内在质量问题：没有按照规定要求细化相应监理措施文件和拆模工序现场见证记录，审查项目文件施工方案不严格，没有发现问题和提出相应整改意见，由此对拆模工序等风险控制点失管失控。

（3）现场监理工作严重失职。项目监理部未针对施工进度调整加强现场监理工作，未督促施工单位采取有效措施强化现场安全管理。现场巡检不力，对垂直交叉作业问题未进行有效监督并督促整改，未按要求在浇筑混凝土时旁站，对施工单位项目经理长期不在岗的问题监理不到位。对土建监理工程师管理不严格，放任其在职责范围以外标段的《见证取样委托书》上签字，安排未经过岗前监理业务培训人员独立开展旁站及见证等监理工作。

项目档案资料内在质量问题：没有调整现场监理工作和督促现场安全管理文件，巡检和旁站记录没有发现问题和提出相应措施，项目文件（见证取样、旁站记录）签字权限不规范，造成没有及时纠正施工单位违规拆模行为。

8. 国家核电技术有限公司

国家核电技术有限公司作为上海斯耐迪公司的上级公司，对火电、新能源等电力建设的总承包、制造、监理等业务安全生产工作重视不够，未及时督促上海斯耐迪公司解决管理能力与业务快速发展不匹配的问题。对上海斯耐迪公司监理业务缺乏过程监督指导，对其安全质量工作中存在的问题督促检查不力。

项目档案资料内在质量问题：对下属单位监督管理和督促检查的文件缺乏力度和针对性。

9. 丰城三期发电厂

（1）未经论证压缩冷却塔工期。法定建设单位丰城三期发电厂要求工程总承包单位大幅度压缩7号冷却塔工期后，未按规定对工期调整的安全影响进行论证和评估。在其主导开展的“大干100天”活动中，针对7号冷却塔筒壁施工进度加快、施工人员大量增加等情况，未加强督促检查，未督促监理、总承包及施工单位采取相应措施。

项目档案资料内在质量问题：没有开展及形成论证和评估文件，没有加强督促检查和督促参建单位采取相应措施的文件。

(2) 项目安全质量监督管理工作不力。对进场监理人员资格不符合监理合同要求的问题把关不严，未按合同规定每季度对现场监理人员进行评议。未在开工前对工程总承包单位进行安全技术交底，对施工方案审查把关不力，未发现施工方案缺少拆模工序管理措施的问题，未发现施工现场长时间垂直交叉作业的问题。对总承包单位和监理单位现场监督不力的问题失察。

项目档案资料内在质量问题：对进场监理人员相关文件材料把关不严，没有形成按合同规定每季度评议现场监理人员记录和评议结果文件；没有安全技术交底及记录；审查施工方案不详细，没有发现问题，也没有整改完善措施；现场监督记录失察和缺乏措施。

(3) 项目建设组织管理混乱。工程建设指挥部成员无明确分工，也未对有关部门和人员确定工作职责。总指挥全面负责项目建设，但其不是丰城三期发电厂人员，不对决策性文件进行签批，也不是丰城发电厂三期基建工程安全生产委员会成员。法定建设单位和丰城发电厂三期扩建工程建设指挥部关系不清，相关领导权责不一。未按监理合同规定配备业主工程师，并组织对总承包、监理和施工单位开展监督检查。

项目档案资料内在质量问题：没有形成成员分工和职责的文件，文件签字权限错位；单位及内设机构关系的文件不明晰、权责不一；没有任命业主工程师及其职责的文件，没有开展监督检查记录。

10. 江西赣能股份公司

江西赣能股份公司作为丰城三期发电厂的上级单位，未履行对丰城发电厂三期扩建工程项目设计、质量控制、进度控制等工作的监督和协调职责，公司相关职能部门未到现场督促协调有关工作，对未经论证压缩工期等问题失察。在工程合同签订、开工许可检查、施工单位资质审核、重大作业项目施工等环节中对建设项目的安全管理监督不力。

项目档案资料内在质量问题：落实监督和协调职责的文件缺失，没有现场督促协调有关工作记录和相应措施文件；签订、审核等相关文件时缺乏安全管理监督的要素。

11. 江西投资集团

江西投资集团作为江西赣能股份公司的上级单位，成立的丰城发电厂三期扩建工程建设领导小组和工程建设指挥部对工程的管理权限划分不明确。未督促江西赣能股份公司对丰城发电厂三期扩建工程质量、进度控制进行监督协调。未制定基本建设项目的安全监督相关制度，对江西赣能股份公司及丰城发电厂三期扩建工程安全管理工作督促检查不力。

项目档案资料内在质量问题：对下属单位及其内设机构关系的文件中管理权限划分不明确、权责不一；没有监督协调文件材料；没有形成安全监督相关制度文件及督促检查文件材料不到位。

12. 电力工程质量监督总站（以下简称电力质监总站）

(1) 违规接受质量监督注册申请。中国电力企业联合会所属电力质监总站违反规定接受丰城发电厂三期扩建工程质量监督注册申请，承接本应由江西省电力建设工程质量监督中心站负责的监督工作。未向江西省能源主管部门报告质量监督工作情况，也未主动接受监督。

项目档案资料内在质量问题：接受质量监督注册申请的相关文件违规，没有向主管部门报告和接受监督的相关文件。

（2）违规组建丰城发电厂三期扩建工程项目站。违反规定使用建设单位人员组建丰城发电厂三期扩建工程质量监督项目站，导致政府委托的质量监督缺失。

项目档案资料内在质量问题：成立质量监督项目站文件不准确、不规范，违规使用监督对象单位人员。

（3）未依法履行质量监督职责。组建的项目站除配合总站开展了"首次监督检查""主厂房结构施工前检查"和后期整改工作外，未开展其他监督工作。

项目档案资料内在质量问题：依法履行质量监督职责的文件材料缺失，未能及时发现和纠正压缩合理工期等问题。

（4）对项目站质量监督工作失察。未督促项目站定期报送工程进度、质量管控、质量验收情况，未能及时发现和纠正压缩合理工期以及总承包、施工、监理等单位未落实工程质量管理要求的问题。

项目档案资料内在质量问题：对质量监督项目站的文件材料及相关问题失察，没有要求监督对象报送相关文件材料，监督工作不到位。

13. 国家能源局华中监管局

（1）江西业务办公室履行工作职责不力。华中监管局江西业务办公室未按照规定履行安全监管职责，未将《华中能源监管局业务办公室工作规则》与国家能源局要求不一致的问题向华中监管局汇报。对职责认识不清，在了解到丰城发电厂三期扩建工程开工后，没有跟踪督促企业及时备案安全生产管理情况，没有主动收集项目建设的工期、进度等有关信息并及时上报华中监管局。工作人员业务不熟，未告知企业正确的备案流程和相关要求。

项目档案资料内在质量问题：没有履行安全监管职责文件，没有跟踪督促、收集有关信息并及时上报上级的文件，没有指导企业业务记录资料，岗位人员任命文件不准确，工作人员业务不熟。

（2）对监管职责认识存在偏差。华中监管局未将质量和安全监管责任分解到有关处室，导致工程项目质量和安全监管工作出现盲区。对职责定位认识存在偏差，注重电力运行安全和保证电网稳定运行，对建设施工安全和电力人身安全重视不足。违反国家能源局派出机构"三定"规定，将江西业务办公室"负责"的职责改为"配合"，改变了江西业务办公室作为属地监管主体的职责定位。

项目档案资料内在质量问题：监管责任文件制定不详细，不规范，执行落实不到位，职责错位，造成履行电力工程质量安全监督职责存在薄弱环节。

（3）未按规定履行监督检查职责。未发现和查处建设单位未按照规定备案安全生产管理情况的问题。未检查丰城发电厂三期扩建工程的工程质量监督工作，未发现电力质监总站违反规定承揽质量监督业务、未将受理的质监工程项目情况报能源主管部门备案、使用建设单位人员组成项目站等问题。对丰城发电厂三期扩建工程现场施工管理、质量管理存在的严重问题失察、失处。

项目档案资料内在质量问题：没有履行监督检查职责的相关文件，没有形成现场施工管理、质量管理存在的严重问题检查记录和督促整改文件，对电力工程质量监督总站的问题失察。

14. 国家能源局电力安全监管司

国家能源局电力安全监管司履行监督职责存在薄弱环节，对电力质监总站违反规定受理丰城发电厂三期扩建工程质量监督的问题失察失管，对其使用建设单位人员组建项目站且未督促项目站按规定履行职责的问题失察。

项目档案资料内在质量问题：没有发现违规问题记录和督促整改文件，履行电力工程质量安全监督职责存在薄弱环节，对电力工程质量监督总站的问题失察。

15. 丰城市工业和信息化委员会

(1) 违规批复设立混凝土搅拌站。在明知丰城鼎力建材公司借用“河南二建丰电三期项目部”名义非自设搅拌站，且未征求国土资源、规划、建设、环境保护等部门意见的情况下，对不符合布点条件的丰城鼎力建材公司混凝土搅拌站出具“基本符合”的结论，并违规批准设立丰城鼎力建材公司搅拌站。

项目档案资料内在质量问题：参建单位的文件材料属违规文件，是职能部门在缺少履行相关职能部门相应程序的支撑文件材料的条件下违规同意及批准设立混凝土搅拌站的文件。

(2) 对丰城鼎力建材公司监督不力。未认真履行行业监督管理职责，对丰城鼎力建材公司在 2016 年 4 月尚未获得设立批复、未获得环保验收批复、未获得建筑业预拌混凝土专业承包资质、未获得工商营业执照授予“商品混凝土生产、销售”的情况下，违规建设、生产和销售预拌混凝土的行为失察、失处。

项目档案资料内在质量问题：参建单位的建设支撑文件材料属违规文件，对该参建单位的其他建设、生产和销售文件材料的监督不到位、失察、失处。

16. 丰城市政府

丰城市政府违反规定，在丰城鼎力建材公司不具备规定条件、丰城市工业和信息化委员会未履行相应程序的情况下，违规干预、越权同意丰城市工业和信息化委员会批复设立丰城鼎力建材公司搅拌站。

项目档案资料内在质量问题：参建单位的建设支撑文件材料属违规文件，是丰城市政府及其相关职能部门违规同意及批复设立混凝土搅拌站。

3.1.3.6 对有关责任人员和单位的处理意见[24]

根据“11·24”调查报告第六项，对有关责任人员和单位的处理意见如下。

司法机关已对 31 人采取刑事强制措施，其中公安机关依法对 15 人立案侦查并采取刑事强制措施（涉嫌重大责任事故罪 13 人，涉嫌生产、销售伪劣产品罪 2 人），检察机关依法对 16 人立案侦查并采取刑事强制措施（涉嫌玩忽职守罪 10 人，涉嫌贪污罪 3 人，涉嫌玩忽职守罪、受贿罪 1 人，涉嫌滥用职权罪 1 人，涉嫌行贿罪 1 人）。

对上述涉嫌犯罪人员中属中共党员或行政监察对象的，按照干部管理权限，责成相关纪检监察机关或单位在具备处理条件时及时作出党纪政纪处理；对其中暂不具备处理条件且已被依法逮捕的党员，由有关党组织及时按规定中止其党员权利。

根据调查认定的失职失责事实、性质，事故调查组在对12个涉责单位的48名责任人员调查材料慎重研究的基础上，依据《中国共产党纪律处分条例》第二十九条、第三十八条，《行政机关公务员处分条例》第二十条和《中国共产党问责条例》第六条、第七条等规定，拟对38名责任人员给予党纪政纪处分；对9名责任情节轻微人员，建议进行通报、诫勉谈话或批评教育；另有1人因涉嫌其他严重违纪问题，已被纪检机关立案审查，建议将其应负的事故责任转交立案机关一并办理。

事故调查组建议对5家事故有关企业及相关负责人的违法违规行为给予行政处罚。

事故调查组建议责成江西省政府和中国能源建设集团有限公司作出深刻检查。

司法机关拟追究刑事责任人员31人（属11个涉责单位），给予党纪政纪处分、诫勉谈话、通报、批评教育人员48人（属12个涉责单位），给予行政处罚的5个涉责单位和5名责任人员，具体涉责单位和责任人员名单可查阅“11·24”调查报告。

3.1.3.7　对有关责任人员和单位的处理意见落实情况

“11·24”调查报告中对该事故有关涉责单位和责任人员的责任认定和处理意见，均依据有关涉责单位和责任人员在工程建设过程中履行职责情况的项目文件是否形成、形成文件的内在质量如何而确定的，具体就是文件材料是否满足完整、准确、系统、规范和安全的质量标准。该事故案件涉责单位和责任人员的审理判决、党纪政纪处分、行政处罚等落实情况，均可在相关网站和媒体查询，在此不作赘述。

3.1.4　项目档案内在质量与工程质量安全事故关系[13]

任何工程发生质量安全事故后，一定会立即成立事故调查组，调查组首要任务是彻底查明事故原因。只有在查清事故原因的基础上，以事实为依据，以法律法规为准绳，确定事故性质，才能够认定事故的直接责任、主要责任、重要责任和领导责任，严肃查处失职渎职、违法违纪行为，严肃追究事故责任人[21]；只有找到真实原因，才能及时指导抢险救援，才能总结汲取事故的教训，提出针对性措施，落实整改，避免类似事故的发生[21]。因此，调查组调查取证，除了查勘检测现场和询问相关人员外，主要是查阅工程有关档案资料（即项目文件或项目档案）。

通过上述案例分析，并查阅了大量的工程质量安全事故调查报告、处理结果通报、事故案件判决、行政处罚决定书以及相应的新闻发布会或媒体报道，发生的工程质量和安全事故，具体原因虽然各不相同，但暴露出一些深层次的共性问题，即均不同程度地存在违规出具建设、生产和销售等支撑文件，主体责任不落实不到位、法规制度不健全且执行不严格、监督不力失察失管、监管体制机制不完善、监管执法不严格、隐患排查治理不彻底、安全基础设施薄弱、质量控制和安全防范措施不得力、应急救援能力不强等各类问题。其原因无非是违反建设管理程序、制度没有贯彻落实、设计深度不够、施工方案编制简单、施工方案审查不到位、野蛮施工、违规操作、原材料不合格、监督缺失、巡查整改不落实等，这些都是事故调查组成员在工程档案资料和现场考察检测中找到的佐证。工程档案资料就是在建的项目文件或已验收的项目档案，也就是项目文件达不到内在质量要求（包括项目文件没有形成、违规形成）的结果。因此，项目档案或项目文件内在质量与工程质量安全事故有必然联系，项目档案或项目文件内在质量不仅反映了工程质量安全事故的原因，而且是工程出现质量安全事故后追责和处理的依据。

例如，单元工程质量评定表，没有严格按照有关规范要求验收，或没有及时填写评定，影响档案的准确和完整；或填写笔迹随意模糊，造成数据的误解，影响质量评定结论；或单位工程验收鉴定书内容描述性文字没有按有关规范填写，内容描述不规范，用词不准确，存在歧义或含义含糊不清、把关不严、代签名等质量问题。这些都是内在质量问题，可能导致该单元工程质量评定或单位工程鉴定的结果与事实不符，从而诱发质量安全事故。再如，某工程技术方案申报审批，施工单位编制技术方案编制简单粗糙，监理单位审批应付了事，建设单位和设计单位对抄送备案资料漠不关心或没有审阅而未及时发现问题，造成项目文件质量差，内在质量存在缺陷，导致存在工程质量安全隐患和经济纠纷。总之，项目文件或项目档案内在质量出现问题，在一定程度上对工程造成了一定的负面效应，不齐全完整、不真实准确，同时也埋下了工程质量安全隐患。若按建设管理程序和建设全过程每一环节、每一个流程、每一个步骤的文件逐一生成，并达到内在质量的要求，可及时消除隐患，避免事故的发生。

工程安全和质量事故，几乎每一起事故都存在事前控制不到位、项目文件内在质量的错漏残缺，归根到底，就是项目文件内在质量差的问题，是部分单位某些工程技术人员法律、档案意识淡薄和对工程质量安全、生命的漠视，是某些工程技术人员偷工减料的行为，是部分领导对档案工作不重视的体现，也是导致工程质量安全事故的根源。每一阶段每一环节项目文件没有形成，说明相应的主体责任单位工作缺失、监管部门（单位）监管工作不到位；项目文件形成了但存在内在质量问题，说明该项工作没有达到预定的目标。若把好项目文件内在质量关，或即使项目文件未形成或形成存在问题并及时纠正整改，把不安全因素、事故苗头消除在萌芽状态，避免小隐患诱发大事故，也许会避免事故的发生。因此，项目文件的内在质量至关重要，项目文件内在质量为其归档后形成项目档案提供了质量保障，决定了工程建设过程中每一事项的成败和工程效益的高低。

3.2 项目档案内在质量存在的问题及原因分析

在参加广东省档案局组织的全省重大建设项目档案检查和广东省水利厅政务服务中心组织省重点水利工程建设项目档案监督检查工作，以及广东省档案局组织项目档案验收或广东省水利厅组织项目档案验收中，发现工程建设项目档案在外在规范方面，档案文件材料的收集、整理、分类、编号、立卷、审核、归档、保管、查借阅、统计、移交等均比较完善，系统性也能达到规定要求，然而，在工程建设项目档案内在质量方面，其完整性和准确性还存在不少问题，特别是在工程实施过程中暴露出档案内在质量存在的诸多不足，文件材料需加以改进和完善，才能确保档案的真实、准确、完整、系统和规范。

3.2.1 项目档案内在质量存在的问题[11]

目前工程建设项目档案内在质量存在的问题如下。

（1）前期工作关键性文件不齐全，用复印件归档，正件与附件分离。如项目档案存在招标过程文件材料漏缺、工程建设合法性审批文件原件没有归档等。

（2）建设管理程序手续文件材料不齐全或未办理。如出现监理单位现场机构总监或施工单位项目经理、总工（技术负责人）与投标文件人员不一致时没有办理变更手续；监理人员资格不符合规定或变更手续不符合要求；施工单位未按投标文件配备相应专业人员或配备不具备相应资格条件的人员。监理、施工单位（承包人）内部印发项目现场机构和人员及印章启用文件，代替主送建设单位的项目现场机构和人员及印章启用文件，未按合同要求授权，导致其签发签证盖章的文件材料在发生合同纠纷时没有法律效力等情况。

（3）合同协议，特别是附属工程或子项目合同，填写不规范、条款不详细、基本要素不齐全等。如某施工单位某租赁合同没有合同编号，签订日期、开户银行、甲乙方账号、页码、骑缝章、联系电话和地址不全。

（4）有关会议纪要、文件、大事记、照片档案、日志的内容填写不规范不详细。如单位名称不是标准的、非规定的简称；“会议室”没有特指；姓名职务用简称，如“吕总”“陈工”“张局”“王书记”，姓名错别字；语法用词欠妥等；有关会议、图纸会审、验收等签名表中，填写单位名称是非规定的简称或不填写、职务/职称或联系电话填写不全或没有填写等；照片的文字说明中，事由、时间、地点、人物姓名、背景和摄影者填写不详细和不齐全。

（5）施工组织设计、专项施工方案、施工措施计划、防风度汛方案、变更实施方案、灾害应急预案、专项检测试验方案等申报表及批复表的意见简单、日期不合理、一式多份内容不一致等。如申报表（施工单位申报和监理单位签收）、批复表（监理单位批复和施工单位签收）的4个日期为同一天或相隔1天；监理单位批复日期在施工单位申报日期之前；有的批复表，监理单位批复日期和施工单位签收日期相隔一个月；监理单位批复意见简单，甚至就是一句话：同意该方案。

（6）原材料/中间产品进场报验单附件质量检验合格证明、使用说明书、许可证、认证证书等相关材料不齐全、时序不合理、或未检测先批准使用。如缺厂家合格证、厂家检验报告；水泥物理性能（28天）检验报告日期在监理单位批复日期之后；产品进场日期在产品生产、发货日期之前。也曾发现某工程的混凝土配合比报告单，施工单位申报日期和监理单位批复日期均在减水剂检验报告日期之前。

（7）单元（工序）工程质量检验评定与验收、监理旁站巡视记录、跟踪检测平行检测、重要隐蔽（关键部位）单元工程、分部工程、单位工程专项阶段验收等文件材料中时序与工程实施时序不相符，不符合逻辑关系，或填写不规范齐全。如某记录中，只填数据，没有结论意见；有涂改现象，没有签名确认；没有日期。

（8）各种承包人常用表格和监理机构常用表格填写不规范、附件不齐全、缺签名或日期等。如《进场通知》承包人签收人没有签名和日期（否则易引起工期纠纷）；《施工测量成果报验单》附件现场测量记录表没有监理单位签名和日期；申请表与批复表的项目名称、分部工程名称、事项不一致，内容前后矛盾不真实、相关数据不对应、相关数量不相符，附件文件材料不齐全、漏缺错乱，办理日期时序颠倒、不符合逻辑等。

（9）施工日志、监理日志填写不规范不详细，记录不连续、字迹潦草、用语不规范、内容笼统、发现的问题没有整改闭合等，某一事项的时间、地点、工程部位、事项性质描述等出现较明显的差异。同一天实施内容不一致或同一事项记录日期不一致，甚至涉嫌事后编写行为。如："基坑抽水"，没有说明在何处抽水、几台机、功率、时间？易引起计量纠纷；"验收"，没有说明何处某事项验收、验收结果等；也存在日志记录人没有签名、由他人冒名代签、或打印姓名没有补手工签名，或打印日志一天多页只在最后一页签名等。例如 2015 年 6 月财政部关于某工程严重违规问题的通报中，指出某处开挖土方在监理日志和施工日志的记录时间相隔 5 天，"监理日志记录……项目于 2009 年 1 月 13 日开挖 b10 渠土方，而施工日志则记录为 2009 年 1 月 18 日"。

(10) 某一事项检查、巡查、稽查提出的问题、整改方案、落实情况、反馈意见等文件材料，有始无终，或不齐全、文件材料不闭环，或敷衍塞责、内容表达不全面不完整。

(11) 各种技术、方案、管理等报告扉页填写不规范，没有编制、核对、审查、审定、批准等人员姓名及其相应签名，没有落款日期，甚至未盖公章。

(12) 某一事项文件材料、报告存在多种版本或某一事项多份表格中签署内容不一致。

(13) 文件、表格、报告等文件材料中的单位盖章不规范，存在漏盖章，公章位置不合适、不端正、不清晰、重影、残缺等现象。

(14) 有关表格资料中的书写笔迹（包括签名和签署日期）不规范，笔迹草体难辨认、随意涂改，存在使用纯蓝墨水、圆珠笔、铅笔等不耐久字迹现象，存在漏签名、代签名、缺签署日期等情况。

(15) 工程变更手续不规范、签证不完整齐全、依据不充分等。例如，现场签证的处理是工程施工中最容易引起争议的部分。产生问题的原因一方面由于建筑市场的不规范，另一方面是参建各方（包括业主、监理、施工单位）不够重视。签证主要存在的问题（即内在质量）：

1）应当签证的未签证，如零星工程、零星用工等，发生的时候应当及时办理。很多业主在施工中随意性较大，施工中改变一些部位，既无设计变更，也不办现场签证，待结算时发生补签困难，引起纠纷。

2）一些施工单位不清楚哪些费用需要签证，缺少签证意识，进行不规范的现场签证。

一般情况下，现场签证需要业主、监理、施工单位三方共同签字才能生效，缺少任何一方都属于不规范的签证，不能作为结算和索赔的依据。

3）违反规定的签证，有些现场管理人员不了解合同中工程造价发生变化的有关规定，产生了一些违反规定的签证，这类签证是不能被认可的。

(16) 工程合同款项支付手续、附件签证不完整、不齐全、不规范。

(17) 会计凭证报批手续、票据、附件等不齐全、不规范。

(18) 纸张规格要求不统一、装订不规范耐久性差、用笔不符合要求。

3.2.2 项目档案内在质量存在的问题原因分析[11]

目前工程建设项目档案内在质量存在的问题主要原因分析如下。

(1) 建设单位和参建单位对项目行政主管部门、档案行政管理部门和其他监管部门的指导监督检查的重要性及必要性认识不足。个别单位工作中较少听取、尊重有关部门指导监督检查的意见和建议，或以项目正在建设中、材料在收集整理中等各种理由推托，或没有及时整改补充完善项目档案工作，这必将影响项目档案工作和工程建设的进度、质量和安全及验收，也必将严重影响相关单位的业绩形象。项目行政主管部门、档案行政管理部门和其他监管部门对工程建设项目档案的指导监督检查，这是他们履行部门职责的工作，同时也是为工程建设单位和参建单位保驾护航，促进工程建设项目的顺利开展。

（2）工程建设单位和参建单位各级人员对档案工作不够重视，档案意识薄弱，档案文件标准规范制度没有严格执行，对文件材料生成不认真不细致，对工程文件质量的检查把关不严，认为项目档案就是整理成册组卷。档案管理工作作为工程建设管理整体的一部分，未能切实列入日常管理工作内容，摆上应有的位置，在人力（技术人员、档案员配置）、物力（档案装具和材料等）上未能给予必要的投入，甚至有些单位不设专职或兼职档案工作人员，多使用临时人员，造成职责不清，兼而不顾，工作不到位。建设单位和其他参建单位较注重现实的、短期的效益，未能正确认识档案管理对工程建设管理所具有的相互促进的作用，看不到规范的档案管理对工程建设、使用、维修和工程效益的重要作用。这也是部分工程建设项目完工后，因为项目档案内在质量存在不少问题，导致涉及合同实施过程经济争议因素多，造成结算时间长，验收滞后。

（3）合同管理不到位。在履行合同协议时，建设单位对监理、施工等参建单位现场机构授权及主要人员变更手续管理不到位；监理、施工等单位人员、设备、资金等投入工程现场打折扣，致使现场管理不到位，未能切实履行投标文件承诺和合同条款。

（4）目前工程建设管理体制形式下，行政主管单位或部门的计划与项目前期工作滞后、严密的建设管理程序和施工流程发生差异，容易造成项目未审批先建设、事项未审核先实施、材料设备未检测先使用、工序和阶段未验收先进入下一工序和阶段等，实施后期补办手续和补充文件材料，越补越是错漏百出、违反逻辑关系。当然，应急抢险项目和处理突发事件除外，但要事后详细说明。

（5）有关部门单位要求工程加快实施，但建设单位的资金还没到位，或到位了而由于支付手续繁琐，不能及时、足额支付给施工单位，造成合同管理不到位，影响参建单位工程施工进度、资金周转和人员调配及积极性。

（6）工程实施时，参建人员对档案工作与工程建设同步进行的认识不足。重视外业工作，轻视内业工作，施工低峰期，人员少，忽视了相关文件材料的填报工作，文件材料整理不及时；赶工期或施工高峰期，人员重点在外业工作，内业工作滞后，没有做到和工程项目的施工同步进行，及时形成、收集、整理、报送、检查，大量的文件材料事后才补办或填写文件材料，文件材料失去了真实性、准确性，特别是在工程后期大部分当事人已撤离现场，补充完善文件材料更为困难，即使后期采取各种措施补救，也会造成人力、物力、财力的极大浪费；某事件（如应急抢险、处理突发事件）未及时办理相关手续，遗留问题多；工程建设计划与建设管理程序矛盾，造成工程实施在前，相关手续文件材料在后，也就是项目档案工作明显滞后于工程建设工作。档案工作与工程建设同步是保证工程文件材料真实性的必要手段。《建筑工程资料管理规程》（JGJT 185—2009）条文说明：3.0.1“同步”的含义，是“共同推进”或“及时跟进”，要求工程资料与工程进度基本保持对应、及时形成，即工程建设进展到哪个环节，工程资料的形成与管理就应当跟进到哪个环节，才能够保证文件材料的真实性，发挥文件材料在工程建设过程中的作用，达到保证工程质量安全的目的。

（7）工程实施时，项目行政主管部门，或其他监管部门，包括建设单位和监理单位对档案工作与工程建设同步管理的认识不足。同步管理，其具体要求是在研究布置项目工作时，同步研究布置档案工作；在签订项目合同、协议时，同时提出归档要求；在检查项目进度、安全与实施质量时，要同步检查档案收集整理情况；在进行项目成果评定、鉴定和重要阶段或竣工验收时，要同时审查、验收档案收集整理情况。同步管理的重点是事前布置落实、事中检查指导、事后验收归档。上述个别部门在相应职能监管检查指导时，除做好本职能工作外，没有同步检查档案收集整理归档情况，没有随时发现并及时解决项目文件形成中存在的问题，督促相关参建单位予以整改完善，对参建单位项目文件管理过程中遇到的疑难问题也未现场予以解答，以至工程实施中档案形成、积累、整理的质量存在不足之处。

（8）对工程建设项目档案管理是建设工程质量安全廉政控制的重要环节的认识不足。监理单位对一些报验、批复文件材料，特别是施工技术方案（施工组织设计、专项施工方案、防风度汛方案、变更实施方案、灾害应急预案、专项检测试验方案）不重视，未对应招标文件、投标文件、合同和设计文件进行审查，也未到工程现场实际查勘；监理单位审批内部流程简单，批复意见简单。而建设单位对上述事项文件材料没有进行认真监督检查，及时发现不足之处和整改完善。

（9）对档案的完整、准确、有效性认识不足。完整是指各类应归档文件材料不能缺页，基础性、依据性、过程性、结论性等不同阶段、不同载体的应归档文件应齐全，每一阶段内应归档文件材料也要齐全，其中重要阶段还应有完整的声像档案材料归档，即是指工程档案资料的形成、收集、整理要与工程建设进程同步进行，在项目立项到工程竣工验收投产的全过程中，归档范围内的各种文件材料都必须归档；准确是指项目档案的准确性，即记录项目过程的各类应归档科技文件材料记载的内容一定要准确无误，要准确反映项目不同阶段的实际情况和历史过程，注意反映同一问题的不同文件材料的历史记录的记载内容一致，即是指对归档文件材料的记载必须真实，并与实物相符，签章手续完备，准确地反映工程建设管理各项活动中的真实情况和历史过程。有效是指归档文件材料有效力、有成效、有效果、可利用。其中电子文件应具备的可理解性和可被利用性，包括信息的可识别性、存储系统的可靠性、载体的完好性和兼容性等。

（10）工程技术管理人员缺乏档案管理工作业务理论知识和专业技能，档案管理人员缺乏工程建设管理程序和工程实施流程活动等知识和经验，导致工程技术管理人员档案意识淡薄，重要性认识不足，项目文件生成整理不认真、不细致、不及时、不规范填写、没有合符逻辑办理相关记录签证手续，造成项目档案归档不及时、质量差，达不到准确、真实、完整的要求；对档案人员的建议要求有抵触情绪，也是导致档案管理人员对工程实施过程活动不了解，对各种文件材料的收集心中无数，对档案内在质量的要求认识不到位、发现不了问题、被职业素质低的工程技术管理人员忽悠的原因，最终导致工程项目档案（或项目文件）质量差的原因。

（11）对工程档案文件材料的对应性和时效性认识不足。例如：某工程施工组织设计编制时间是2010年1月31日，施工单位申报时间是2010年2月5日，监理单位批复时间是2010年2月10日，施工单位签收时间是2010年3月9日。时序没错，监理单位在工作日内批复，但一个月后施工单位才签收，会影响工程建设进度（工期目标为26个月）及引发各种风险，另易产生工期和费用纠纷，同时又会影响其他事项的申报审批手续和工程实施的时间排序。

例如：同批号的水泥原材料进场报验手续及相关附件中的合理时序依次如下：厂家水泥生产日期、厂家水泥检验日期、水泥合格证日期、水泥出厂日期、水泥进施工现场日期、施工和监理单位在工地仓库现场取样日期、施工单位送检日期、检测单位受委托日期、检测单位检验日期（时段）、检测单位检验（3天、28天）报告日期、施工单位申报日期、监理单位签收日期、监理单位批复日期、施工单位签收日期。

（12）档案人员没有理解组卷时应“保证卷内文件、材料内在联系”的含意。内容毫不相关的文件随意组合，或同一事由文件混乱。例如，对工程文件材料中同一事项的请示与批复，没有作为一份文件处理。应更正为：组合在一起，作为一份文件处理，按批复在前请示在后，请示作为批复的附件。组卷应按照组卷原则、组卷要求、组卷方法、组卷注意事项、卷内文件的排列、卷内文件排列注意事项、卷内文件的修整与装订等要求做好组卷工作。

第4章

水利工程建设项目档案质量控制

4.1 项目档案质量管理

4.1.1 强化水利工程建设项目档案质量管理

4.1.1.1 工程建设项目档案质量管理

项目档案质量管理是指从项目文件形成、收集、整理、检查、审核、审查、归档、验收、保管、利用等一系列档案工作环节流程，按照各项规程、规范、办法、制度和要求衡量需要达到的程度，主要指工程技术（包括行政管理）人员和档案管理人员对工程建设项目活动记录或把关的优劣程度，是工程建设项目所有参与人员切实履行各自岗位职责，充分发挥档案管理和工程技术的技能知识的作用，贯穿于档案形成全过程的质量，从而保证项目档案的高质量[5]。项目档案质量管理，要注重项目档案外在规范的管理，更要注重项目档案内在质量的管理，同时按照项目档案质量标准和要求，构建项目档案质量控制体系（图4.1），做好相应的项目档案质量控制措施。

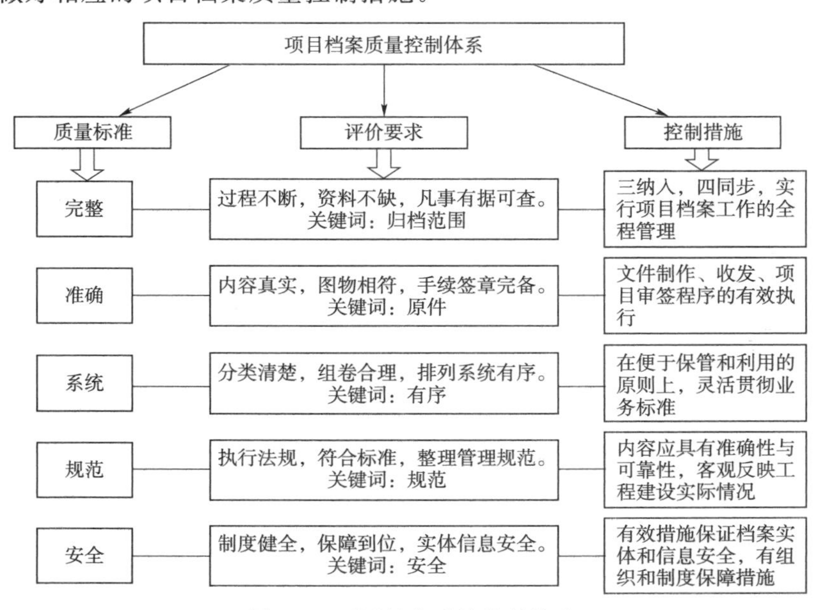

图4.1 项目档案质量控制体系

工程建设项目档案质量管理是建设工程质量安全控制的重要环节，也是提高建设工程质量、确保工程安全和廉政建设的重要手段。在做好档案外在规范基础上，高度重视和特别注重档案内在质量，能有效促进工程质量和安全，可为工程建设项目质量安全提供强有力的保障。

要保证工程的质量和安全，就必须加强工程建设各方面的规范管理，特别是从加强工程建设档案管理制度管理，严格执行项目文件形成与工程建设同步管理等方面入手，以使工程建设各方面的规范化得以有效实施。为此，加强档案工作管理，严格控制项目文件质量，可以有效减少工程质量和安全的隐患，从而减少甚至避免出现工程质量安全事故。

4.1.1.2 强化对水利工程建设项目档案质量管理的认识

在实际工作中，水利工程建设项目档案范围广、种类多、数量多、内容技术含量高。如何形成高质量的档案，如何保证和监控项目档案的质量，在认识和做法上还存在差异，其主要原因是对项目档案质量内涵的理解和质量检查监控核心对象不明晰，没有真正理解完整、准确、系统、规范和安全的含义和具体要求，认为做好整理规范、组卷合理、卷内文件装订成册、案卷整洁、档案编目及排列条理分明等，项目档案质量就有保证了。其实这是外在的规范，项目档案的质量最主要、最关键的是内在的质量，是卷内文件的质量，其对工程建设项目质量安全、廉政建设、历史记录、运行管理等有着极其重要的作用和意义。为此，对项目档案质量的内涵理解和重视内在质量管理，有利于进一步推动项目档案质量的深入和完整。

目前，项目档案外在规范的标准和规范已较为系统和完善，对项目档案进行分类、组卷、编号、编目、填写案卷封面和脊背及卷内目录、编印卷内文件页号、装订等工作的质量，对于具有档案专业或业务知识的档案管理人员来说，较为容易达到规范要求。对各单位（部门）来说，项目档案质量外在规范的管理也较为容易做好，但项目档案内在质量的管理和监控较难管理但又尤为关键。因为，项目档案外在质量主要体现在项目完成后期，而内在质量则贯穿于工程建设全过程，包含资料内容记录是否真实、是否有缺漏、是否符合有关技术规范标准，图纸与实物（现场实际情况）是否相吻合，图文是否相符，日期时序时段是否合理，是否符合逻辑关系，字迹盖章是否清晰，用笔用词语法是否规范，是否存在工程质量隐患和安全漏洞要素等，这些是工程稽查审计验收、申报荣誉奖项、调查事故和查处案件的核心材料，可便于及时找到所需事项的缘由、过程和结果。非工程技术人员或缺乏工程建设管理技能的档案管理人员在检查项目档案时，一般难以发现项目档案内在质量存在的问题，难辨真伪，因而难以确定其卷内文件是否完整、齐全、准确、真实、规范和安全。

不管是工程日常工作、巡查、检查、监督、稽查、决算、审计、运行管理、改建扩建设计等查阅项目档案；还是工程各阶段验收、申报奖项或荣誉等审阅项目档案；又或是工程质量安全事故调查和违法违纪案件查处等查阅项目档案，查阅不仅是关注项目档案外在规范内容，核心更是关注项目档案内在质量的具体内容。这就像一个人到医院体检一样，医生检查的内容不仅仅是人体结构的完整，而且主要是检查身体各项生理功能是否正常，各项指标是否达到正常指标。项目档案的内在质量直接关系到工程建设项目的总体质量安全和廉政建设，是工程建设项目档案质量的关键，也是水行政主管部门、档案行政管理部门、监管部门最关心的和必须特别注意的问题。如果项目档案内在质量存在纰漏或者瑕疵，带病归档，不仅会影响项目档案的作用和档案信息资源的服务水平，而且也可能会因为没有及时发现问题而出现安全和质量事故，或者留下违规（即违反法律、规定、规范等）行为导致不良的后果。

国内荣获重大奖项、顺利验收、安全运行和发挥效益的优秀工程，无不证明其项目档案同样是经得起考验的，其项目档案的内在质量必然也是高质量的；反之，那些发生质量安全事故或违法违纪案件的工程，其项目档案必然也是经不起考验的，带病归档，其项目档案内在质量必然也是存在纰漏或瑕疵的。近30年来，工程建设项目在建设过程中乃至投入使用后发生质量安全事故和违法违纪案例，其责任追究、行政处罚和刑事判决的责任对象绝大部分是项目文件的形成、产生者和监管者（即负责档案内在质量的工程技术人员和行政管理人员），极少数是项目文件整理、组卷、立卷者（即负责档案外在规范的档案管理人员）。

如何保证项目档案质量，主要是各建设单位（项目法人）和参建单位积极贯彻落实国家和省有关工程建设项目档案法规和标准，采取有效措施积极推进建设项目档案工作，健全管理机制，落实工作责任，建立档案工作管理网络、档案管理质量保证体系和档案管理制度，加强学习培训，促进工程技术人员和档案管理人员的业务水平和工作能力不断提高，虚心接受水行政主管部门、档案行政管理部门监督检查和指导。同时，项目行政主管部门积极配合各级档案管理部门和监管部门，认真履行对工程建设项目档案工作的监督检查指导职责。在此基础上，注重项目档案质量管理，特别是档案内在质量控制，应改变档案质量管理的传统理念，转向落实各参建单位和工程技术人员按建设管理程序、工程技术规程规范编制形成并及时报送档案资料的责任管理。

4.1.2 贯彻执行项目档案工作的法律法规和标准规范

当前形势下工程建设管理面临重大挑战，既要保证工程建设进度和控制投资，又要确保工程施工安全生产，各级政府及相关部门、各参建单位及其人员要适应时代发展，严格守法，认真贯彻执行国家有关项目档案工作的法律、法规和标准规范，遵守工程项目文件管理和档案管理的制度、规范和程序，切实履行职责，尊重科学，不断地提高标准化、规范化、常态化管理水平，特别是档案的系统管理水平，不论是建设单位和参建单位及其参建人员对档案形成的全过程，还是水行政主管部门、档案行政管理部门、监管部门及其工作人员对项目档案的督导、检查和指导，必须要严格遵守执行国家和省有关的工程建设项目档案工作法律法规和标准规范制度，在档案外在规范的基础上，确保项目档案内在质量，才能更好地保障工程安全和质量。

所有参与水利工程建设项目的水行政主管部门、监管部门、建设单位、各参建单位和管理单位工作人员，应增强项目档案的责任意识，掌握水利工程建设项目和档案工作的法律法规、制度规范、相关标准，熟悉项目建设管理的相关知识，既要在精品工程、示范工程、广东省重大建设项目档案金册奖工程中学习项目档案质量管理经验，也要在工程违法违纪案例、工程质量安全事故通报，以及相应行政处罚信息中吸取项目档案质量管理缺失错漏的教训，做到严格执行规章制度，切实履行职责，确保档案工作与工程建设同步，确保工程档案是工程施工的真实记录和工程实体的真实反映，促进工程质量安全、促进工程规范管理、促进工程领域反腐倡廉工作取得良好成效。

4.1.3 健全项目档案管理质量保证体系和管理制度

（1）水行政主管部门、质量监督机构、建设单位和其他参建单位要充分认识水利工程建设项目档案工作的重要性和必要性，不断提高项目档案意识和增强依法做好项目档案工作的主动性和自觉性，切实加强对项目档案工作的管理，建立健全档案管理制度，把档案管理工作目标分解细化，层层加以落实。特别是将建设项目档案工作纳入项目法人责任制、招标投标制、合同管理制、工程监理制管理，纳入项目建设管理计划和工作程序，纳入项目领导责任制和岗位责任制。

（2）水行政主管部门应按照国家有关规定，建立健全建设项目档案管理体系，明确档案分管领导，设立档案管理机构，设置档案管理岗位，配备所需的档案管理人员，保障工作所需经费，确保建设项目档案监督管理工作健康有序开展。

（3）建设单位对项目档案工作负有主体责任，应高度重视水利工程建设项目档案工作，加强领导，统筹协调，成立由分管领导、档案管理机构档案管理人员、项目建设管理部门工程技术人员组成的项目档案工作领导小组，统一领导项目档案工作，建立健全项目档案工作组织体系和制度体系，明确工作职责，建立档案管理质量保证体系和管理制度，配备管理资源，将项目档案工作纳入项目建设管理程序，组织协调内设部门和参建单位，并采取有效措施做好监督指导档案工作，同时接受水行政主管单位和档案行政管理部门的监督指导，实现项目档案管理与项目建设同步，确保项目档案完整、准确、系统、规范和安全。

1）建设单位认真贯彻执行国家、各级部门有关项目档案工作法律法规和标准规范，加强管理，统筹协调，建立健全项目档案管理制度和业务规范，建立切合项目建设管理实际的项目档案工作管理体制、工作流程、项目文件管理、项目档案管理的制度和规范。

管理制度主要包括项目文件的形成、收集、鉴定、整理、保管、统计、利用、保密及销毁等工作规章及相关管理制度，以及档案验收、考核、工作责任追究及安全应急管理等制度。

项目文件管理业务规范主要包括项目文件收集与整理原则及方法、项目文件管理流程、文件格式、编号、归档要求，竣工图的编制要求、审查流程和责任，照片、音像文件的内容、技术参数和归档要求等。

项目档案管理业务规范主要包括项目档案管理办法、档案分类方案、归档范围和保管期限表、整理编目细则、特殊载体档案的收集、整理的要求和保管条件等。

在项目开工前按照国家、省、水利部门有关规定和标准规范，结合项目建设内容和特点，制定本项目档案工作规划（或方案），并根据工程建设项目情况，不同时期、不同要求，修订和完善水利工程建设项目文件、项目档案管理制度、业务规范体系和质量保证体系，并及时下发到各参建单位，组织协调建设单位各部门和各参建单位贯彻实施，做到职责分明，保证从工程前期到竣工验收的文件材料收集齐全、整理规范、安全保管。

2）建设单位对项目档案工作实行统一管理，对本单位各部门和勘察、设计、监理、施工、检测、设备制造、供货等参建单位进行有效的监督、指导，对所有参建单位的工程技术人员和档案管理人员进行档案工作交底，加强与各参建单位的信息沟通，尽早明确工作要求，及时掌握项目档案工作开展情况，确保项目档案工作与工程建设同步进行和同步管理，做到同步开始、同步生成、同步检查、同步归档、同步验收，力争电子档案与纸质档案同步。同时，深入工程建设现场，定期组织档案监督检查和业务指导，提出存在问题及整改建议，督促整改落实，保证建设项目档案完整、准确、系统、规范和安全。

3）项目档案工作实行领导负责制，将水利工程质量终身制引入水利工程建设项目档案管理，确定负责项目档案工作的领导和部门，实行各参建单位技术负责人及工程技术人员对项目档案负终身责任，规范档案管理人员档案工作责任制，并采取有效的考核措施，为有效提高各参建单位按建设管理程序、规程规范编制并及时报送档案资料的责任意识和自觉性提供保障。

4）在编制招标文件和与勘察、设计、施工、监理、质量安全监督等单位签订合同协议，以及与主要设备、技术、材料、成品构件等供应单位签订合同时，应设立项目档案管理专门条款，规范合同协议文件，明确各有关单位档案管理职责，应对其文件材料的编制，对竣工档案的收集、整理、归档套数、内容、格式、质量、费用、移交范围、移交时间和违约责任等做出明确要求，纳入尾款支付、合同结算支付的合同管理环节，明确约定参建单位完成档案工作与支付合同款的对应关系。监理合同条款还应明确监理单位对其所监理项目的文件和档案的检查和审查责任。合同协议已签的，但档案管理职责不全面详细的，可增加补充协议。

5）配备适应工作需要的档案管理人员、工作经费和办公保管设备（也即人、财、物）。

6）注意控制关键点：开工前交底、施工时收集、施工后整理、中间检查、监理审核、归档审查、移交归档、档案验收。档案验收是指在专项验收、单项验收、重要隐蔽（关键部位）单元工程验收、分部工程验收、单位工程验收、完工验收及竣工验收时均进行档案检查复核验收。

（4）监理单位是项目档案的形成主体，对本单位形成的项目档案负责，负责对其所监理项目的文件和档案的检查和审查工作，协助建设单位制定档案管理制度，切实履行监理职责，督促检查档案工作。督促施工单位按照有关规定和施工合同约定进行归档文件的预立卷和归档，对施工单位项目文件的形成、收集、整理等进行内在质量监控，对施工单位提交的归档项目文件进行审核，并应履行审核签字手续，同时应向建设单位提交对工程档案内容与整理质量情况审核的专题报告。

（5）勘察、设计、施工、监理等参建单位是项目档案的形成主体，对本单位形成的项目档案负责，应认真贯彻、落实执行有关法律法规与标准规范，以及建设单位制定的项目档案管理制度，切实履行合同协议中约定的档案管理职责，依法按要求相互配合，共同履行做好规范化工程档案工作的义务，建立有效的项目文件管理质量体系，制定可行的与建设单位要求相适应的项目文件管理制度、质量过程控制制度，保证项目文件质量控制措施落实到位，业务上接受水行政主管部门、档案行政管理部门监督检查和指导，确保项目档案内在质量。不但要重视归档文件的形成、收集、整理，按照规范分门别类、组卷编目、装订成册，更要重视工程档案文件材料形成过程的内在质量，即文件材料是否符合法律、规章制度、技术规程规范等要求，是否符合逻辑关系，是否真实、完整、准确、系统，是否隐含争议纠纷的因素等。同时，坚持工程建设文件材料按照“谁形成谁负责”的原则，由当事单位或当事人对自己签署内容的真实性、完整性、有效性负责，真正承担各自档案工作的责任。其技术负责人对其提供的档案内容和质量负责，审核后签名。

(6) 政府质量监督机构对项目的监控依据是项目建设的项目文件，主要对项目建设的实体质量进行监督，当项目完工后依据项目档案和项目实体进行项目的质量等级评定。因此质量监督人员应重视施工过程文件的质量监控，在进行质量检验时，应对所检内容的完整性、准确性和规范性把好项目文件的内在质量关，在对项目实体进行检查的同时，检查施工记录、试验资料的真实性，为参建单位档案内在质量提供了技术保障。

4.1.4 提高工程技术和档案管理人员素质和水平

从事水利工程建设项目的工程技术人员，应高度重视项目档案工作，提升项目档案认知度，充分认识项目档案的重要性，彻底消除“重建设、轻档案”的思想，认真学习档案的政策法规、规范性文件，并积极参加项目档案业务培训，了解掌握档案基础理论知识、具体业务规范标准和业务操作技能，提高对项目档案重要性和必要性认识，确保文件材料生成整理工作与工程建设实施同步进行和同步管理；依据国家和行业有关标准、规程规范等，按照自己的岗位职责，遵循项目建设过程规律和流程环节，认真、细致、及时规范编制填写（审查、审核、批准等），真实、合乎逻辑、规范办理相关文件、资料、记录、签证手续，达到完整、齐全、准确、真实的要求，达到项目档案内在质量的要求。

很多单位和部门的领导及工作人员监督检查工作时，在工程现场的时间很短，多是通过照片、视频、相关的文字记录文件材料了解工程建设过程怎么样，再来判断参建单位和参建人员否履行职责。因此，工程技术人员必须按上述要求每天坚持规范、细致、及时、完整地编制形成项目文件。同时，要充分理解档案管理人员的职责，并积极配合档案管理人员的工作。在整个工程项目的建设过程中，工程技术人员持续形成和产生属于归档范围的项目文件，是终身责任者；档案管理人员是工程技术人员切实履行岗位职责的证明材料的整理和保管者。

从事水利工程建设项目档案管理人员，不仅要具备档案专业知识和技能，还要掌握水利工程技术专业知识和项目建设管理技能，需了解掌握工程项目总体概况、工程建设管理程序、工程实施流程活动和文件材料归档前流通途径，并积极参与工程建设的检查、检测、取样、验收、会议等有关活动，见证项目文件形成过程，达到能对各种项目文件的归档心中有数，能准确判断项目档案内在质量是否满足要求，发现问题及时要求相关人员补充、修改并完善。依据国家和行业有关标准，按照“谁形成谁立卷”和“强化收集、简化整理”的原则进行项目文件整理，遵循项目文件的形成规律进行组卷，保持卷内文件的有机联系，达到项目档案外在规范的要求。

参加工程建设的行政管理、工程技术和档案管理人员，应在思想上提高工程质量安全的认识，在行动上提高项目档案内在质量的认识，必须高度重视项目档案内在质量及其必要性和重要性，必须具有认真严谨的工作态度和真实精准的工作原则，践行注重细节、精雕细琢、精益求精的“工匠精神”，高度重视工作中项目文件的内在质量，认真形成、整理、审核、审查并按相关标准、规程、规范要求保管项目文件，确保项目档案的内在质量。同时，必须意识到，在工程建设过程中履行岗位职责的一言一行都记录在项目档案中，应认真对待项目文件形成的质量，才能对人民、对工程、对单位、对自己负责，具有法律效应的高质量的项目档案会为参建人员保驾护航。

4.1.5 加强水利工程建设项目档案工作监督检查指导

（1）水行政主管部门应明确本部门的档案工作分管领导和部门，建立档案管理机构，负责管辖区域内水利工程建设项目档案工作的监督、检查和指导，积极支持和配合档案行政管理部门对水利工程建设项目档案工作的监管工作。水行政主管部门的档案管理机构在做好项目档案各项工作的同时，特别注意项目档案质量管理，在工程建设项目档案现场监督检查指导和水利工程建设项目档案业务培训时，强调增强档案质量管理意识，除注重档案外在规范外，更要注重档案内在质量的提高，同时对内在质量存在纰漏瑕疵的文件材料、表格逐一点评，说明错在何处、产生的原因、造成的后果以及如何补充修改完善，触类旁通，对做好项目档案工作和提高项目档案质量起到了很好的促进作用。

（2）档案行政管理部门要加强管辖的水利工程建设项目档案工作的监督和指导，做到提前介入，做好过程跟踪服务，在项目开工前，指导建设单位建立切合项目建设内容和特点的项目档案工作管理体系，建立健全规章制度和业务规范；在项目施工阶段组织开展项目档案行政执法检查，或根据建设单位的申请，联合水行政主管部门进行阶段检查，对项目文件形成质量、档案规范整理和实施过程档案工作等监督检查指导，发现问题，下发整改通知，督促限期整改并要求回复。

（3）政府监督机构（即质量安全监督站及政府其他机构部门）对工程的监督管理，在加强对工程进度、质量、安全、程序和文明施工等的精细化管理同时，要对项目文件经常监督检查，及时纠正违法违规行为，及时督促整改到位。

（4）建设单位定期开展对本单位、监理单位和各参建单位的监督检查指导工作，必要时联合监理单位开展项目档案工作阶段检查；在工程实施重要阶段和项目档案专项验收前，积极向档案行政管理部门和上级水行政主管部门申请检查指导。

（5）建设单位档案管理机构负责监督指导本单位工程管理相关部门及参建单位工程项目文件的形成、收集、整理和归档工作，负责审查参建单位制定的该项目的文件管理和归档制度规范，负责审查项目文件归档的完整性和整理的规范性、系统性，积极参加工程建设过程中相关环节工作和重要会议活动，做好项目档案的接收、整理、保管、鉴定、统计、利用和移交工作。

（6）建设单位工程管理相关部门负责提出项目文件的规范性要求，组织监督指导和审查勘察、设计、监理、施工、检测、设备制造、供货等参建单位归档文件的完整性、准确性、有效性和规范性。

（7）参建单位负责合同协议所承担工程的文件形成、收集、整理和归档工作，监督指导本单位内各部门项目文件的形成、整理和移交本单位档案管理部门等工作。监理单位还要监督指导所监理项目的各施工单位文件形成、收集、整理和归档工作，负责审查其项目文件归档的完整性、准确性、系统性、规范性和安全性。

(8) 建设单位和各参建单位虚心接受各级部门的指导和检查，特别是上级水行政主管部门、相关监管部门和档案行政管理部门等单位的监督检查和指导，改进完善档案工作，牢记“别人指出自己不足，就是帮助自己能力的提高”，坚持档案工作与工程建设同步进行和同步管理，力促项目档案达到完整、准确、系统和安全，确保顺利通过稽查、验收和审计，积极争取荣誉和奖项。

项目水行政主管部门、安全质量监督部门和档案行政管理部门等做到事前指导服务、事中监督检查，要注重项目档案质量的过程监控，特别要注重项目档案内在质量的内容监控，严把档案验收质量关，从而推进工程质量、进度、安全、投资等工作。

4.1.6 积极推进水利工程建设项目档案信息化

伴随信息技术快速发展和广泛应用而产生的建设项目电子文件和电子档案都是重要的信息资源，相应的政策法规和标准规范也相继出台。各项目建设单位要提高对保存电子文件和电子档案重要性的认识，加强对建设项目电子档案的管理，要将电子文件形成及管理全过程的要求相应纳入各参建单位领导、电子文件形成部门或人员的职责范围，确保电子文件和电子档案的真实、完整及有效。

各级水行政主管部门、档案行政管理部门要积极配合，采取有效措施，加强对本属地建设项目电子文件归档及电子档案的保管、利用和移交工作的监督、指导，将电子档案管理工作纳入档案专项验收内容，确保建设项目电子档案的真实性、完整性、可靠性、可用性和安全性，促进电子文件与电子档案的安全保管与有效利用。

在确保工程建设项目档案内在质量和档案数字化的同时，积极探索应用工程建设项目电子文件管理系统，要求勘察、设计、施工、监理等参建各方在工程建设过程中实时形成、收集、整理和归档电子文件与电子档案，实现电子签章，实现参建各方工程文件材料的电子化、工程电子文件与建设过程同步形成和在线交互、签批，方便项目水行政主管部门、档案行政管理部门等在线对建设工程项目文件进行监督抽查和业务指导，保证形成纸质档案和电子档案“双轨制”。

项目档案安全是档案工作的重中之重，各参建单位应高度重视档案安全管理工作，在档案库房与阅览、办公用房（包括施工现场办公用房）、设施设备、档案装具及文件制成材料等安全的基础上，采取有效措施保证档案实体（纸质档案、实物档案和电子档案）和信息安全，加强组织和制度保障措施。在目前项目档案实行电子档案和实体档案“双轨制”的情况下，要充分利用电子文件高效、快捷查询的优势，积极探索纸质文件与电子文件的同步管理机制，充分运用信息化手段，提高项目文件的规范化，应用电子签名、大数据分析、人工智能等技术，提高项目档案的内在质量。积极推进工程建设项目建设全过程在线归档，纸质文件形成后，及时进行数字化、电子化形成项目电子文件，并录入档案管理系统，达到项目文件形成与工程建设同步，实现同步产生、同步归档、同步校核查验和提醒，并且便于主管、监管、建设、参建等单位人员及时便捷查询项目文件或项目档案，同时可及时发现内在质量问题并纠正整改工程建设管理相关事项，消除工程质量和安全隐患，确保工程质量和安全，确保项目档案质量和安全。

4.2 档案资料检查审核审查工作[25]

工程建设项目实施过程中，建设、勘察、设计、监理、施工、检测等单位高度重视项目档案工作，严格执行《中华人民共和国档案法》和《建设项目档案管理规范》等法律法规、标准规范和有关要求，并贯彻落实到工程建设管理全过程每一环节。建设单位和各参建单位依次做好各自职责范围内的项目档案资料检查、审核、审查工作，为确保工程建设项目档案完整、准确、系统、规范和安全提供技术保障。

工程建设项目档案资料是项目文件和项目档案的统称，即工程建设项目的项目文件和项目档案均可称为档案资料。

4.2.1 工作责任

依据《国家档案局关于印发建设项目档案监督指导工作指南的通知》（档发〔2016〕15号）第1.3条款，各单位档案工作责任如下：

（1）建设单位工作职责：对项目档案负有主体责任。应加强领导，统筹协调，建立健全项目档案工作组织体系和制度体系，明确工作职责，配备管理资源，将项目档案工作纳入项目建设管理程序，组织协调内设部门和参建单位，采取有效措施，实现项目档案管理与项目建设同步，确保项目档案完整、准确、系统、安全。

（2）参建单位工作职责：勘察、设计、施工、监理等参建单位按照有关法律法规、标准规范和建设单位的要求，负责按合同约定内容形成文件材料的收集、整理、归档和移交。项目实行总承包的，由总承包单位负责。监理单位对监理范围内文件材料和档案的完整、准确、系统负有审核责任。

建设单位和各参建单位的档案工作职责在《建设项目档案管理规范》（DA/T 28—2018）第5.2款有具体详细表述。

4.2.2 检查审核审查工作的必要性[11]

（1）有利于发现错漏残缺等不足之处，并修正、补充、完善档案资料，加快档案工作进度。

（2）有利于发现并整改消除工程质量安全隐患，确保工程质量安全和参建人员安全。

（3）有利于发现并纠正完善工程实施中影响合同协议的要素，避免和减少合同项目结算纠纷。

（4）有利于发现并修正完善工程项目建设管理程序手续，提升工程建设管理水平。

（5）有利于发现并改进完善工程施工进度、技术、工艺和方法，提高工程建设技术水平和确保工程质量。

（6）有利于及时发现并追缴、补救、纠正工程项目建设资金，确保工程建设项目资金管理规范化。

（7）有利于工程建设项目顺利结算和各阶段验收，按期运行发挥效益。

（8）有利于工程技术人员熟练掌握档案管理工作理论和技能，促进未来项目文件形成质量提高。

(9) 有利于档案管理人员熟练掌握工程基本知识和建设管理要求，更加规范做好项目档案工作。

(10) 为建设工程企业资质、个人执业资格注册和专业技术资格等申请材料提供完整、准确的工程业绩佐证材料。

4.2.3 机构及人员组成[26]

(1) 档案工作领导小组，建设单位要坚持工程建设项目档案工作实行统一领导、分级管理的原则，成立档案工作领导小组，负责项目档案管理工作；指定一位领导分管档案工作，相关部门负责人为档案管理具体责任人，配备专（兼）职档案员，负责工程建设项目档案规划、管理、监督、指导、检查、验收。

(2) 档案审查工作小组，在档案工作领导小组领导下，负责工程建设项目档案专项验收前建设、勘察、设计、监理、施工、检测等所有单位应归档的档案资料的审查工作，成员主要包括：建设、设计、监理和施工等单位工程技术人员和档案管理人员。

(3) 建设单位的档案管理机构，配备专职档案管理人员，或是由熟悉档案管理业务技能和掌握工程专业技术的具有综合能力的人员组成，制定本建设项目档案工作各项管理制度、管理规范、管理流程及技术标准；审查参建单位的项目档案工作管理和归档制度；监督指导本单位工程各部门项目文件的形成、收集、整理和归档工作，同时监督、检查、指导及协调各参建单位做好项目文件的形成、收集、整理、立卷和归档等工作；负责项目档案的接收、整理、保管、鉴定、归档、统计、利用等工作，负责各分部工程验收、单位工程验收、阶段性验收和合同工程完工验收前文件材料审查及参加验收工作。

(4) 各参建单位的档案管理机构，配备专职档案人员，由工程技术人员和档案管理人员组成，按照各自单位的档案工作职责，按合同或协议约定负责所承担工程或任务文件的形成、收集、整理、立卷和归档移交工作，把好项目档案资料归档的最后一道关，确保项目档案质量优秀。

4.2.4 工作方式

建设单位应规范项目文件的归档审查流程，只有做到层层把关审查签字，才能使最终归档的项目文件质量得到保证和落实[27]。根据近年来档案监督检查和有关单位项目档案管理经验，在档案工作领导小组的领导下，开展二检查一审核二审查的档案资料检查审核审查工作，即各单位档案管理机构检查和建设单位档案机构检查、监理单位审核、建设单位审查和档案审查工作小组审查。

4.2.4.1 检查方式

(1) 建设单位和各参建单位的档案管理机构对各自本单位有关部门职责范围内形成、收集、整理、组卷和归档的档案资料进行定期监督检查指导和归档移交前检查。检查时发现存在问题，及时要求本单位相关部门整改完善，直至达到符合要求。在项目档案专项验收时各单位提交本单位项目档案管理工作报告。

（2）建设单位档案管理机构对所有参建单位的形成、收集、整理、组卷和归档的档案资料进行定期监督指导检查，提出整改意见反馈给相关单位，直至合格为止，并形成检查整改环闭记录。

4.2.4.2 审核方式

监理单位档案管理机构对其监理合同内的施工、安装等单位形成、收集、整理、组卷的档案资料进行日常检查和归档移交前的审核，重点审核项目档案资料内在质量。审查时发现存在问题，形成记录，及时印发监理通知要求当事单位整改完善，直至达到符合要求。在项目档案专项验收时提交项目档案监理审核报告。

4.2.4.3 审查方式

（1）建设单位工程管理部门审查勘察、设计、监理、检测等单位归档前档案资料和监理单位审核后的施工文件案卷，建设单位信息化管理部门审查监理单位审核后的信息系统文件案卷，建设单位档案管理机构负责所有参建单位档案资料归档移交前的审查。重点审查案卷的完整性、准确性和规范性，审核时发现存在问题，形成记录，及时印发整改通知要求当事单位整改完善，直至达到符合要求。在项目档案专项验收时提交建设单位项目档案管理工作报告（即自检报告）。

（2）档案审查工作小组对本项目的建设、勘察、设计、监理、检测、施工、安装、设备材料供应、信息化等单位形成、收集、整理、组卷的档案资料进行定期抽查，以及各分部工程验收、单位工程验收、阶段性验收、合同工程完工验收时的审查和档案专项验收前的审查。重点审查案卷的完整性、准确性、系统性和规范性，对每一案卷逐件审查；审查时发现存在问题，形成记录，提出审查意见反馈给建设单位档案管理机构；建设单位档案管理机构按照审查意见，协调相关单位整改完成后，经档案审查工作小组再次复核审查，直至合格为止，方可向建设单位档案管理机构办理档案移交手续和开展相关验收工作[26]。

4.2.5 工作依据

工程建设项目档案管理工作，是工程建设项目建设管理工作的一部分。档案资料检查审核审查工作主要依据：

（1）有关工程建设项目建设管理以及档案的国家法律法规。

（2）工程建设项目行业技术规程规范、行业主管部门规章制度等。

（3）档案技术规范标准、工程建设项目行业主管部门和档案行政管理部门的档案规章制度等。

（4）工程建设项目建设单位与各参建单位的合同协议。

（5）工程建设项目建设单位的本项目建设管理和档案管理的各项规章制度等。

（6）工程建设项目各参建单位的本项目建设管理和档案管理的各项规章制度等。

4.2.6 工作要求

为满足工程建设项目建设管理、监督、运行和维护等活动在证据、责任和信息等方面的需要，《建设项目档案管理规范》（DA/T 28—2018）第4.5条款要求：项目档案应完整、准确、系统、规范和安全。同理，项目档案资料也应满足完整、准确、系统、规范和安全的要求。因此，档案资料检查审核审查工作要求如下：

（1）档案资料的完整性。按照该项目建设内容、建设管理程序、质量监督站批复的项目划分、建设单位与参建单位的合同协议、工程档案分类编号方案、《文件归档范围和保管期限表》等以及行业归档范围的规定，工程建设过程中反映各阶段和各种职能活动形成的具有查考和利用价值的不同种类文件，达到归档的材料齐全、内容完整、重要文件归档无遗漏的要求。

（2）档案资料的准确性。文件材料真实、内容准确，图物相符，数据、图表准确可靠，文字、符号、计量单位符合国家或国际标准，时序时段合理，时间符合逻辑，无涂改现象，签字印章真实、清晰，手续完备；竣工图编制准确，修改到位规范，签署手续完备，能真实反映项目竣工时的实际情况和建设过程。

（3）档案资料的系统性。按照项目档案分类编号方案，档案的整编组卷按照其自然形成规律和科技文件材料的成套性特点，保持卷内文件各部分之间的有机联系、分类科学、组卷合理、卷内文件编号排序正确，符合有关规范标准要求。

（4）档案资料的规范性。需归档的档案资料，纸质符合耐久要求，字迹清楚，图样清晰，页面整洁，格式规范，签字盖章手续完备有效；实物标注清晰；音像及电子文件与工程实际相符，与纸质文件相对应，文件质量及存储格式符合规范标准要求，保证载体的有效性。

（5）档案资料的安全性。对档案库房、设施设备及文件制成材料，采取有效措施保证档案实体（纸质档案、实物档案和电子档案等）和信息安全。

从档案管理和工程技术专业分析，项目档案质量内涵包含两方面，一是外在规范，二是内在质量[5]。因此，在工程建设过程中，对档案资料的检查审核时，重点是档案的内在质量；对档案资料归档前的审查，重点是档案的外在规范。

4.2.7 工作措施

2018年9月5—7日，广东省水利厅政务服务中心组织到珠海市城乡防洪设施管理和技术审查中心，对其负责建设的珠海市竹银水源工程、城乡水利防灾减灾工程档案质量的管理情况进行调研，调研采用座谈交流、实地察看工程和查阅档案等形式。竹银水源工程概算总投资9.56亿元，档案2334卷，2016年11月通过了广东省档案局组织的档案专项验收，评定为优秀等级，荣获2016年度“广东省重大建设项目档案金册奖”。已通过了珠海市档案局组织的档案专项验收的15个城乡水利防灾减灾工程项目，概算总投资12.61亿元，档案共3940卷，提高标准按重大建设项目档案验收办法进行项目档案专项验收，经验收后：11个项目评定为优秀，2个项目评定为优良，1个评定为良好，1个评定为合格。项目档案管理工作取得优异成绩，项目档案质量优秀，这是与建设单位高度重视项目档案工作，以竹银水源工程争创档案金册奖为目标，引导推动城乡水利防灾减灾工程档案创优，制定档案管理制度和业务标准，建立档案管理网络，项目档案管理与工程建设同步管理，注重工程技术和档案管理人员业务培训交流，强化日常监督检查指导等等分不开，但其中十分必要且重要的一项工作，就是档案资料检查审核审查工作常抓不懈，并取得良好成效。其关键措施：

(1) 建设单位将项目档案工作纳入项目合同管理和建设管理程序，与项目建设实行同步管理，建立项目档案工作领导责任制、档案机构和档案工作网络，从而确保项目档案符合有关规定要求。

(2) 项目档案的重要性，已为所有工程建设和管理人员高度重视和认识，注重档案内在质量，强化档案外在规范，并贯穿落实到工程建设全过程中。

(3) 建设、勘察、设计、监理、施工和质量监督等有关单位及其各部门积极配合，各自检查、审核职责范围内的项目档案资料，严格把关。

(4) 建设单位档案管理机构在接收档案资料时，认真严格审查，项目档案达到了收集齐全完整，整理规范，内容准确真实。

(5) 工程档案审查工作小组，负责工程档案专项验收前所有单位应归档档案资料的审查工作，对文件材料的形成、整理、组卷等质量，从严把关，为确保工程建设实施全过程的档案完整、准确、系统、有效和安全提供了技术保障[26]。

4.3 档案工作监督管理

水利工程建设项目档案工作应按照国家档案法规和有关工作要求开展监督和管理，确保项目档案的完整、准确、系统、规范和安全。

水利工程建设项目档案工作监督管理，包括水行政主管部门、档案行政管理部门、建设单位、监理单位等对项目档案工作监督管理，本章节主要以水行政主管部门对水利工程建设项目的项目档案工作的监督和管理为例，其他监督管理方式可参照实施。

4.3.1 监督管理必要性

水利工程建设项目档案工作是工程建设项目档案工作的一个重要部分，是工程建设与管理的重要组成部分。水利工程建设与民生息息相关，其建设和管理中形成的项目档案对水利工程安全运行、支撑管理有着非常重要的意义。项目档案是项目建设和管理工作的真实记录，为项目建设、运行维护和长效管理提供重要依据，同时也为各类监管验收、稽查审计等提供不可或缺的档案保障。

水利工程建设项目档案工作贯穿工程建设全周期，涉及领域多，专业性强。加强对项目档案的监督管理，有利于加强水利工程建设项目档案工作，保证各单位提高对项目档案工作的认识、遵循国家有关法律法规和标准、加强组织管理、自觉开展建设项目档案工作；有利于建立健全项目档案管理机制制度，督促各有关单位相互配合、共同推进、全力做好档案工作，切实把项目档案工作纳入项目建设、运行维护和管理的全过程；有利于落实有效的项目档案工作措施，保证项目档案质量，把档案工作纳入工程重要节点验收环节，严格把好项目档案验收，使档案工作在项目管理中发挥积极的作用，为提高建设项目管理水平提供支撑和服务。作为水利工程建设项目的水行政主管部门开展水利工程建设项目档案工作监督管理是非常必要的，也是水行政主管部门履行法定职责的需要。

4.3.2 监督管理工作依据

水利工程建设项目档案监督管理工作的依据是档案工作的法律、行政法规、部门规章、地方性法规、国家和行业标准等，主要依据如下：

(1)《中华人民共和国档案法》。

(2)《中华人民共和国档案法实施办法》。

(3)《国家重点建设项目档案管理登记办法》(档发字〔1997〕15号)。

(4)《国家档案局 国家发展和改革委会员关于印发〈重大建设项目档案验收办法〉的通知》(档发〔2006〕2号)。

(5)《转发国家档案局 国家发展和改革委员会关于印发〈重大建设项目档案验收办法〉的通知》(办档〔2006〕118号)。

(6)《转发国家档案局 国家发展和改革委员会关于印发〈重大建设项目档案验收办法〉的通知》(粤档发〔2006〕32号)。

(7)《转发水利部、广东省档案局和广东省发改委关于印发〈重大建设项目档案验收办法〉的通知》(粤水办〔2006〕65号)。

(8)《关于印发水利工程建设项目档案管理规定的通知》(水办〔2005〕480号)。

(9)《关于印发水利工程建设项目档案验收管理办法》(水办〔2008〕366号)。

(10)《国家档案局 水利部 国家能源局关于印发〈水利水电工程移民档案管理办法〉的通知》(档发〔2012〕4号)。

(11)《中共中央办公厅 国务院办公厅印发〈关于加强和改进新形势下档案工作的意见〉的通知》(中办发〔2014〕15号)。

(12)《国家档案局 国家发展和改革委员会关于印发〈建设项目电子文件归档和电子档案管理暂行办法〉的通知》(档发〔2016〕11号)。

(13)《国家档案局关于印发〈建设项目档案监督指导工作指南〉的通知》(档发〔2016〕15号)。

(14)《中共广东省委办公厅 广东省人民政府办公厅印发〈关于加强和改进新形势下我省档案工作的意见〉的通知》(粤委办〔2015〕11号)。

(15)《关于加强广东省重大建设项目档案工作监管的通知》(粤档发〔2015〕61号)。

(16)《广东省水利厅关于进一步加强水利工程建设项目档案管理工作的通知》(粤水政务函〔2015〕941号)。

(17)《科学技术档案案卷构成的一般要求》(GB/T 11822—2008)。

(18)《电子文件归档与电子档案管理规范》(GB/T 18894—2016)。

(19)《建设项目档案管理规范》(DA/T 28—2018)。

4.3.3 监督管理机构及人员组成

水利工程建设项目档案工作监督管理机构，是各级水行政主管部门档案管理职能单位，负责其分级管理权限的项目档案监督管理工作。例如：按照《广东省水利厅关于进一步加强水利工程建设项目档案管理工作的通知》(粤水政务函〔2015〕941号)要求，广东省水利厅政务服务中心负责省重点水利工程建设项目档案监督检查和指导工作；其他各级水行政主管部门档案管理职能单位负责其分级管理权限的项目档案监督、检查和指导工作。

各级水行政主管部门档案工作监督管理机构人员一般由具有工程建设管理经验的工程技术人员和具有档案管理技能的档案管理人员组成。

4.3.4 监督管理方式

（1）转发、传达上级部门有关档案文件，指导管辖区内水行政主管部门开展其管辖内的水利工程项目档案监督管理工作。

（2）水行政主管部门档案管理职能单位每年要及时掌握本级及其管辖内的水利工程建设项目，按重大水利工程建设项目和非重大水利工程建设项目分类设立台账。重大水利工程建设项目可对照本级水行政主管部门印发的《关于推进水利重大建设项目批准和实施领域政府信息公开的工作方案》确定的范围和列入本地区国民经济与社会发展五年规划及年度重点建设项目计划的本地区财政投资项目制定台账目录。

（3）加强对辖区内水利建设项目档案工作的指导和监管，做到提前介入，做好过程跟踪服务。支持和配合档案行政管理部门加强监督管理工作，适时参与中间检查和档案专项验收工作，同时应将当年重点建设项目计划抄送同级档案行政管理部门。

4.3.5 监督管理工作要求

水行政主管部门档案管理职能单位按照工程建设三个阶段开展监督管理工作。

1. *建设初期*

根据项目建设单位（法人）需要，水行政主管部门档案管理职能单位指导和协助项目建设单位建立档案管理制度和业务流程规范，开展工程建设项目档案业务培训。

2. *施工阶段*

（1）属重大水利工程建设项目，督促项目建设单位（法人）在项目开工6个月内填报《重大建设项目档案管理登记表》，同时附送《重大建设项目档案工作规划》报送主持项目档案专项验收的档案行政管理部门。属非重大水利工程建设项目，督促项目建设单位（法人）在项目开工时填报《水利工程建设项目档案管理情况登记表》，报送上级主管单位，以及项目竣工验收主持单位的档案业务主管部门。

（2）定期组织开展项目档案检查和指导，或根据建设单位（法人）的申请，邀请同级档案行政管理部门进行阶段监督检查，并出具《水利工程建设项目档案检查整改通知书》。指导项目参建单位定期或不定期开展对本单位的项目文件检查、监理单位对合同内的监理对象项目文件审核、建设单位对所有参建单位项目文件审查、各参建单位定期相互检查复核已形成及已归档的文件材料等工作。

3. *竣工阶段*

监督和指导建设项目档案验收准备工作，主要通过检查建设项目档案验收计划、验收申请、项目完成情况、项目文件整理归档情况、佐证材料等内容；监督和指导建设项目档案验收工作质量，主要通过检查验收程序、验收标准、验收组成员构成、验收内容、验收工作记录、验收意见等方面；监督指导建设项目档案验收整改落实工作，主要通过检查整改情况报告、组织复检等方式。具体按项目类型开展监督管理工作。

(1) 属重大水利工程建设项目。

1) 指导建设单位（法人）编写重大建设项目档案验收申请报告和填报《重大建设项目档案专项验收申请表》以及报送工作，编制水利工程建设项目档案管理工作报告、项目档案监理审核报告和施工档案管理工作报告。

2) 协助档案行政管理部门组织项目档案专项验收，做好后续相关工作。如果通过验收，档案行政管理部门正式印发《重大建设项目档案专项验收意见》；如果达不到验收标准，档案行政管理部门核发整改通知。

3) 协助档案行政管理部门对未通过档案专项验收、限期整改的项目档案进行复查。复查后仍不合格的，不得进行竣工验收，由档案行政管理部门对项目建设单位（法人）通报批评。

(2) 属非重大水利工程建设项目。

1) 指导建设单位（法人）在工程计划竣工验收的3个月前，向项目竣工验收主持单位提出档案验收申请，并附项目法人的档案自检工作报告和监理单位专项审核报告。

2) 协助项目竣工验收主持单位的档案业务管理部门，会同同级档案行政管理部门组织项目档案专项验收，做好后续相关工作。如果验收通过，档案业务管理部门正式印发《水利工程建设项目档案验收意见》；如果达不到验收标准，档案业务管理部门核发整改通知。

3) 协助档案业务管理部门会同同级档案行政管理部门对未通过档案验收、限期整改的项目档案进行复查。复查后仍不合格的，不得进行竣工验收，由档案业务管理部门对项目建设单位（法人）通报批评。

第5章

工程建设项目档案工作规划与管理工作报告编制

5.1 编制重大建设项目档案工作规划[28]

随着我国社会主义市场经济的持续发展，工程建设项目数量、规模和投资逐年增加，工程建设项目得到有效管理，工程建设项目档案在社会经济发展中起着重要的作用[11]。为贯彻落实中共中央办公厅、国务院办公厅《关于加强和改进新形势下档案工作的意见》及广东省委办公厅、省政府办公厅《关于加强和改进新形势下我省档案工作的意见》精神，进一步加强广东省重大建设项目档案工作监管，创新项目档案管理体制机制，探索科学管理新方法、新模式，促进广东省重大建设项目档案工作全面、均衡发展。2015年6月9日，广东省档案局和广东省重点项目工作领导小组办公室印发了《关于加强广东省重大建设项目档案工作监管的通知》（粤档发〔2015〕61号），制定了《广东省重大建设项目档案工作监管流程》，创新档案工作规划管理机制，要求“凡属省重大建设项目，建设单位在开工6个月内要编制《重大建设项目档案工作规划》”，并附编制大纲。

为此，根据国家、项目建设行政主管部门和档案行政管理部门有关法律法规、标准、文件及工程项目划分文件、项目法人验收计划等相关要求，为了规范工程建设项目各主要参建单位档案管理工作，在工程建设过程中做好相关文件材料的收集、整理、分类、编目、立卷、归档、移交等工作，有必要探讨重大建设项目档案工作规划编制，对编制大纲进行细化说明，供工程技术人员和档案管理人员参考借鉴。

5.1.1 定义

重大建设项目档案工作规划是建设单位对项目档案管理过程设想的图表文字表达，是档案工作的基本规定、管理制度和工作规范的制度体系，是工程技术人员和档案管理人员有效地全面开展项目档案工作的依据和指导性文件。其由建设单位在项目开工后主持编制，项目质量监督机构、设计单位、监理单位、施工单位等各参建单位协助编制，工程技术和档案管理人员全方位、多角度全程参与编制；是建设单位通过广泛收集、详细调查和充分分析和研究工程项目的实际情况，结合建设目标、工程划分、技术、进度、管理、环境以及参与工程建设各方合同等的情况后，制定的指导各参建单位开展重大建设项目档案工作的实施方案，也是指导重大建设项目各参建单位全面开展工程项目档案工作的纲领性文件。

5.1.2 作用

由于重大建设项目具有规模大、工期长、涉及领域多、文件材料多、专业种类多、专业性强、环节复杂等特征，其档案工作具有各参建单位档案责任重、涉及面广、收集整理难度大、档案管理要求高等特点，因此建立规范、标准的项目档案，健全管理机制，实行规范化管理，编制项目档案工作规划具有重要的作用。

（1）明晰责任。规范工程建设期间工程档案管理的行为，明晰责任，加强档案管理工作，有效地保护和利用档案，为工程建设运行服务，从而达到工程档案达标和工程安全建设运行的目的。

（2）同步管理。建设单位对项目档案工作全面规划，监督指导参建单位组织全面开展工程项目档案工作，达到项目档案管理机构与项目建设管理机构同步建立、项目档案管理规章制度与项目建设管理规章制度同步制定的目的，有效推动项目文件材料的形成、收集、整理和归档工作与工程项目建设工作同步进行。

（3）有效监督。建设单位确认参建单位是否全面、认真履行合同中工程建设项目档案工作职责的主要依据。

（4）同步完善。项目档案工作规划是建设单位的重要存档文件材料。在实际工程建设中，工程项目的实际情况和条件可能会发生变化，档案工作规划的内容需要随着工程的进展逐步调整、补充和完善。

（5）有据可依。各参建单位在项目建设过程中能充分保证形成、收集、整理、归档文件材料时有据可依，保证档案管理制度、档案质量、归档要求以及工作进度等内容落实到实处。

（6）考核依据。工程项目建设主管部门和档案行政管理部门对建设单位实施监督管理的重要依据，也是对建设单位的档案责任行为实施考核的依据。

5.1.3 主要内容及基本要求

项目档案工作规划的主要内容是按照《关于加强广东省重大建设项目档案工作监管的通知》（粤档发〔2015〕61号）中附件2的《重大建设项目档案工作规划》编制大纲，具体内容主要包括工程概况、项目档案工作依据、项目档案工作任务及目标、项目档案工作的组织管理、项目归档文件质量控制措施、项目文件归档范围与保管期限、项目档案的分类方案、归档文件立卷整理方法和质量要求、特殊载体文件的形成与归档管理、项目档案管理信息化、项目档案形成份（套）数及流向、项目档案工作进度计划、项目档案安全管理及其他[29]。

项目档案工作规划的基本要求：构成内容力求统一，遵循工程项目建设过程规律，具有针对性、指导性和可操作性，表达方式格式化、标准化和规范化，编制过程要不断补充、修改和完善，审核并经批准后方可执行。

5.1.4 具体要求

(1) 工程概况。主要介绍工程项目名称、地点、任务、建设规模、建设内容、项目组成、总投资、工程前期工作情况（项目建议书、可行性研究报告、初步设计报告批复）、项目法人及组织机构、工程建设管理模式、建设目标、计划工期等基本情况，以及按工程建设项目实施内容划分情况。列表简述已完成和计划的招投标和合同签订情况，建设单位、设计单位、质量监督单位、检测单位，包括标段名称、中标（或委托）时间、中标单位、合同金额、合同工期、标段监理单位等情况。

(2) 项目档案工作依据。项目档案工作依据要根据工程建设项目的类别和行业特性，提出包括档案方面的法律、行政法规、政策、部门规章及相关规程规范等主要依据。

(3) 项目档案工作任务及目标。

1) 项目档案工作任务。为加强项目档案的管理工作，确保各参建单位（建设单位、勘察单位、设计单位、监理单位、第三方检测单位及施工单位等）工程竣工文件材料能够完整、准确、系统、及时的移交，使其在工程建设过程、试运行及正式投入使用运行、维修中充分发挥作用。各参建单位要建立各自的工程档案管理组织机构，设置专职档案员。注重工程项目档案工作的过程管理，贯彻项目档案工作与工程建设同步开始、同步进行、同步验收的要求。各参建单位应把工程档案管理工作纳入工程基建目标管理程序及工作计划，纳入工程质量保证体系，纳入有关部门技术人员的职责范围、工作范围，并有相应的检查、控制措施。具体根据建设单位、勘察单位、设计单位、监理单位、施工单位、检测单位等参建单位各自职责，分别详述各参建单位项目档案工作任务。

2) 项目档案工作目标。提出项目档案专项验收具体时间和验收结果（自评分、等级）。若目标为广东省重大建设项目档案金册奖，则按粤档发〔2006〕32 号和粤档发〔2015〕61 号要求执行，2015 年起新开工建设项目，必须同时满足以下条件：①按照广东省重大建设项目档案验收评分表，项目档案验收评分要达到 95 分［其中“案卷质量”（满分 60 分）得分不低于 57 分］；②重大建设项目档案工作与项目建设同步开展；③重大建设项目档案专项验收在项目试运行（生产）之后两年内完成；④重大建设项目档案信息化能达到实际应用程度。

(4) 项目档案工作的组织管理。主要提出项目档案工作组织管理，包括项目档案工作领导小组、建设单位及各参建单位工作机构，专、兼职档案人员配置及教育培训计划要求，并附上领导小组及工作机构工作职责、专职（兼职）档案员工作职责的文件。

(5) 项目归档文件质量控制措施。项目文件的质量控制必须贯穿于整个项目管路过程中，各参建单位必须严格把控归档文件的质量。建设单位对参建单位合同、建设过程、各阶段验收提出项目文件质量控制措施，同时要求各参建单位的档案管理制度、人员、经费、设备、设施、信息化、验收、归档、移交等环节具体落实措施。归档文件质量控制措施，关键是从档案管理和工程技术专业分析；项目档案质量内涵包含两方面，一是外在规范，二是内在质量。重点是工程技术人员对文件材料的形成质量，其次是档案管理人员文件材料的整理归档质量。

（6）项目文件归档范围与保管期限。凡是反映与项目有关的职能活动，具有查考利用价值的各种载体的文件，应收集齐全，归入项目档案。按照国家档案局、广东省档案局和行业行政主管部门相关档案法规等提出项目文件的归档范围和保管期限，可列表分述。

（7）项目档案的分类方案。根据国家部委、档案局、广东省档案局、广东省项目建设行政主管部门的要求，提出项目档案的分类方案编制依据、分类原则、档案标识符号、档案类目设置（附各级类目设置表）、档案分类编号形式（分述档案各类的分类编号并附示意图）等。

（8）归档文件立卷整理方法和质量要求。必须明确重大建设项目所形成的全部项目文件在归档前应根据国家部委局、广东省有关规定，并按照档案管理的要求，由文件形成单位（建设、勘察、设计、施工、监理等）进行整理。整理是将有利用价值和保存价值的文件以件为单位进行组件、分类、排列、编号、编目等（纸质归档文件包括修整、装订、编页、装盒、排架；电子文件包括格式转换、元数据收集、归档数据包组织、存储等），使之有序化的过程。整理应遵循文件的形成规律，保持文件之间的有机联系，便于保管利用；归档文件整理应符合文档一体化管理要求，便于计算机管理或计算机辅助管理，且归档文件整理应保证纸质文件和电子文件整理协调统一。

提出归档文件整理要求（详述各类文件材料具体整理要求）、竣工图整理要求（包括竣工图章、修改标志章样式图）、文件材料组卷、文件材料排列（按档案分类号顺序排列，提出各档案分类号内的文件排列顺序要求）、案卷编目（包括案卷页号、卷内目录、备考表、案卷封面、案卷脊背、卷内备考表的编制具体要求及样式）、项目文件质量要求、案卷装订要求、卷盒（表格）规格及其制成材料要求。

（9）特殊载体文件的形成与归档管理。特殊载体文件是指在项目建设过程中产生的照片档案、磁盘档案、光盘档案、实物档案等。明确照片档案收集范围、图像像素或线数要求、文字说明（事由、时间、地点、人物、背景、摄影者等要素）、样板格式、分类与排列、命名格式、目录、保管方式、照片档案总说明、装具、份数等，磁盘档案、光盘档案、实物档案等的形成与管理的详细要求、标签样式、总说明、目录和移交清单格式、装具、份数等。

（10）项目档案管理信息化。提出项目档案管理信息化具体要求和实际应用程度目标。利用档案管理系统以及计算机、扫描仪、数码摄录像机等设备，加强对项目建设过程中形成的电子文件的收集、整理与归档等工作的监督、指导，保证各参建单位产生的有保存价值的电子文件真实、完整、有效。具体提出项目档案管理系统、电子文件的形成与存储、电子文件数据格式、档案扫描、图像处理、图像存储、目录建库、数据挂接等的要求，提高档案信息化电子化管理水平。同时，要求对项目建设过程中形成的项目文件，及时形成电子文件，实施纸质档案和数字档案“双轨制”工作模式。

（11）项目档案形成份（套）数及流向。按照建设单位、项目运行单位、地方城建档案馆及结（决算）算审核单位等单位需要一套竣工文件材料的要求，确定各参建单位向建设单位提交的项目文件材料归档套数。设计、施工等主要参建单位按照需要，预留所需的竣工资料或竣工资料的部分文件。

项目所形成的全部工程文件在归档前应该根据档案管理的要求，由文件形成单位进行收集整理、归档。归档的项目文件应为原件，因故无原件的，应归档具有凭证作用的复印件。

具体分述管理性文件、设计文件、监理文件、施工文件、第三方检测文件等文件中的形成单位、具体文件材料名称和原件份数。

(12) 项目档案工作进度计划。制定项目档案工作进度计划，按照行业建设管理程序和项目建设内容、工程划分、合同情况等提出各单位工程验收、分项工程验收、合同工程完工验收、阶段验收、专项验收、竣工验收的计划和相应的档案检查（验收）时间，可分别列表叙述。其中专项验收包括专业、系统验收，如规划、人防、消防、电梯、燃气、电力、供水、防雷、市政排水、电信、环保、水土保持、档案等。

(13) 项目档案安全管理。提出项目文件形成收集、项目档案的存放库（室）房、设施设备、档案实体、电子档案及其载体、档案信息等安全管理及安全保障机制。

(14) 其他。明确本项目档案工作规划的解释方和实施日期，以及相关说明。

5.1.5 结语

通过编制重大建设项目档案工作规划，可以明确本项目档案工作的依据、各参建单位档案工作的任务，明确各参建单位工程文件收集、整理及归档的范围与职责，可构建以建设单位为主的档案工作组织架构。根据项目划分规划档案分类方案，根据项目验收计划制定项目档案工作计划，规定项目档案形成套数与流向，有利于按照项目各阶段工程验收计划，同步做好项目各阶段检查（验收）工作，特别是项目竣工验收前的档案专项验收工作，从而全面有效顺利地推进工程建设项目档案工作的开展，进而争创广东省重大建设项目档案金册奖。同理，其他工程建设项目在项目开工时编制档案工作规划，同样可以达到项目档案工作顺利开展的效果。

5.2 编制工程建设项目档案管理工作报告[30]

不论是《国家档案局　国家发展和改革委员会关于印发〈重大建设项目档案验收办法〉的通知》(档发〔2006〕2号)，还是国家、各行业、各省市的工程建设项目档案验收规范、项目档案专项验收办法或项目档案验收实施细则等，都有以下相关规定：①项目档案验收会议的议程之一是项目建设单位（法人）汇报项目建设概况、项目档案工作情况，即项目档案管理工作报告；②项目档案验收前，项目建设单位（法人）应向项目档案验收组织单位报送档案验收申请报告，具体内容是项目档案管理工作报告；③某时段工程建设工作汇报和项目各阶段验收，相应也要求提交汇报项目档案管理工作报告。因此，有必要探讨工程建设项目档案管理工作报告编制，供工程技术人员和档案管理人员参考借鉴。

5.2.1 含义

工程建设项目档案管理工作报告是项目建设单位（法人）全面系统总结项目建设单位（法人）在工程建设以来的项目档案工作的基本情况、管理措施、业绩成果、存在的问题及解决措施，是档案管理专业技术工作综合性的总结，也是建设单位贯彻执行落实国家、项目建设行政主管部门和档案行政管理部门有关档案法律法规、标准制度的表现，同时也是建设单位工程建设项目档案管理技术工作综合能力、水平和成果的真实体现。

5.2.2 作用

（1）工程建设项目档案管理工作报告是按照各参建单位编写的档案管理工作报告和监理单位编写的项目档案质量审核情况的汇总综合成果，是一套完整真实的项目档案管理工作总结，是项目档案验收会议的主要汇报材料，也是验收组成员了解该项目建设概况和项目档案工作情况的综合素材，在确保顺利通过项目档案验收的同时，为工程留下宝贵的档案管理总结。

（2）工程建设项目档案管理工作报告是建设单位在项目完工及项目试运行指标考核合格或者达到设计能力后，项目建设全过程项目文件的收集、整理、归档、分类、组卷、编目、归档等工作形成项目档案的综合成果。

（3）在项目档案验收工作中，会考核建设单位是否把项目档案工作纳入项目建设管理程序，是否与项目建设实行同步管理，是否落实项目档案工作领导责任制和相关人员岗位责任制，是否按照档案有关法规完成项目档案工作。

（4）工程建设项目档案管理工作报告是建设单位向项目档案行政主管部门或项目行政主管部门提交项目档案专项验收申请报告的基础。

（5）在工程开工建设后，某时段工程建设工作汇报或项目各阶段验收，建设单位相应依次编制项目档案管理工作报告，可以检查当前各参建单位档案管理工作情况，指导和改进下一步档案管理工作。

5.2.3 主要内容及基本要求

工程建设项目档案管理工作报告的主要内容：项目建设概况，项目档案管理概况，保证项目档案的完整、准确、系统、规范和安全所采取的控制措施，项目文件材料的形成、收集、整理与归档情况，竣工图的编制情况及质量状况，各职能部门、参建单位的归档、移交情况及整套项目档案种类、数量，项目档案信息化管理情况，档案库房设施和安全措施，项目档案在项目建设、管理、试运行中的作用，项目档案自检工作情况，存在的问题及解决措施[31]。

工程建设项目档案管理工作报告的基本要求：报告由封面、扉页、目录、正文组成，封面包括报告名称、编制单位名称、单位公章和日期等内容，扉页包括报告编制、校对、审查和批准人签名和日期，正文需满足字体字号、行距、页边距、页码、正文各级标题序号等规范规定的排版要求。

5.2.4 具体要求

（1）项目建设概况。

1）工程建设规模及建设内容。主要介绍工程项目名称、地点、任务、建设规模、建设内容、主要技术特征指标、项目组成、总投资、建设目标、计划工期等基本情况。

2）工程的前期工作情况。主要介绍工程的前期，包括项目建议书、可行性研究、初步设计阶段，列明批复文件的文号、时间、发文单位及项目投资估算、工程概算，简述监理、施工、设计等招投标和合同签订情况。

3）参建单位与运行单位。主要介绍工程项目法人及组织机构，建设单位、设计单位、质量安全监督单位、检测单位、监理单位、施工单位、材料采购单位等，按标段或实施内容，说明相应的监理、监督单位等情况。参建单位多、项目标段划分多的项目可按列表方式表述。

4）工程的项目划分、开工及完工、工程验收情况。主要介绍质量监督部门确认的项目划分情况，以及相应的分部工程、单位工程的开工时间、完工时间、相应工程验收时间、质量等级评定情况。可按列表方式表述明了。

5）工程专项验收及后续工作情况。按照行业建设管理程序和项目建设内容、工程项目划分、合同情况等确定合同工程完工验收、阶段验收、专项验收，其中专项验收包括专业、系统验收，如规划、人防、消防、电梯、燃气、电力、供水、防雷、市政排水、电信、环保、水土保持等[28]。主要介绍已完成验收工作的相关工作情况和未完成验收的后续工作情况，可分别列表叙述。

上述项目建设概况，有利于判别项目档案分类的合理性和规范性，有利于了解项目档案的完整性和系统性，有利于验证项目档案的准确性、规范性和逻辑性。

（2）项目档案管理概况。

1）主要介绍建设单位档案管理工作组织机构、档案管理网络体系、档案管理目标、项目档案分类依据、原则及方案，领导和各级岗位档案工作职责及有效的考核措施，项目文件管理和档案管理的制度、规范、标准和程序，对本单位各部门和设计、施工、监理等参建单位有效的监督、指导情况。

2）各参建单位各自的工程档案管理组织机构、档案工作职责、项目文件管理制度和业务规范。

3）各单位配备适应工作需要的档案管理人员情况及主要工程技术人员和档案管理人员档案教育培训情况。

（3）保证项目档案的完整、准确、系统、规范和安全所采取的控制措施。主要是指对国家、项目建设行政主管部门和档案行政管理部门有关档案法律法规、规范和标准贯彻执行落实情况，基本上包括完善档案工作机制体制、建立档案管理制度和业务标准、项目行业主管部门和档案行政管理部门监管和指导、项目档案工作与工程建设同步管理、项目文件的收集整理和归档纳入合同管理、监理单位对施工单位项目文件审核、项目档案移交前审核审查等工作措施。

（4）项目文件的形成、收集、整理与归档情况。根据《建设项目档案管理规范》（DA/T 28—2018）、《科学技术档案案卷构成的一般要求》（GB/T 11822—2008）等规范，依据档案的类型、内容及载体形态的特点，结合工程建设和工程性质，按项目文件种类组卷，说明各单位项目文件的形成、收集、整理、组卷与归档情况，统计档案种类和数量，并附项目档案统计表。

（5）竣工图的编制情况及质量状况。说明竣工图的编制责任单位、编制要求、依据、成果、套数、审核、签名手续、竣工图章等情况，以及质量状况评价，并附工程竣工图统计表。

（6）各职能部门、参建单位的归档、移交情况及整套项目档案种类、数量。按照档案管理台账，分别统计建设单位各职能部门、参建单位的归档、移交情况及整套项目档案种类、数量，可按台账表格方式表述。各单位移交项目档案统计总数与项目档案统计表合计数相符。

（7）项目档案信息化管理情况。根据工程前期提出的档案管理信息化的具体要求和实际应用程度，阐述利用档案管理系统以及计算机、扫描仪等设备，总结项目建设过程中形成的电子文件的收集、整理与归档等工作的情况及实施纸质档案和数字档案“双套制”工作模式情况。

（8）档案库房设施和安全措施。主要包括档案库房与阅览、办公用房，档案专用电脑、扫描仪、打印机、空调、抽湿机、消毒柜、防磁柜等设施设备配置，档案柜架、卷盒、卷皮等档案装具，档案实体和电子档案的安全有效措施等等。

（9）项目档案在建设、管理、试运行中的作用。描述项目档案在工程建设、管理、试运行期间，项目档案为工程施工、分部工程、单位工程及合同工程验收、阶段验收、专项验收、安全鉴定、国家部委和省市相关单位的监督检查、工程结算、决算、工程审计等中的作用；编制各类汇编等编研材料情况，以及查询利用方式和效果。

（10）项目档案自检工作的情况。说明已完成的各阶段验收时检查档案管理工作、档案实体和库房发现的问题及整改情况，本次验收前建设单位组织项目档案自检工作开展情况（包括人员、方式、内容、标准等）和自我评价。

（11）存在的问题及解决措施。说明工程建设过程中有关遗留问题，包括在项目档案验收前，建设单位组织人员对项目档案进行自检自评中发现存在的问题，提出解决措施和后续工作。

5.2.5 结语

在工程开工建设后，某时段工程建设工作汇报或项目各阶段验收，建设单位相应依次编制项目档案管理工作报告，可以不断改进档案管理工作和完善项目档案成果。待工程完工后，综合编制的工程建设项目档案管理工作报告，在项目档案专项验收工作中可让验收组成员充分了解项目建设概况，及项目档案的收集、整理、移交、归档、组卷、安全保管等情况，能确保项目档案顺利通过验收，同时为工程建设留下宝贵的历史档案。

5.3 编制工程建设项目档案监理审核报告[32]

国家部委（局）、各行业、各省（自治区、直辖市）的工程建设项目档案验收办法、验收规范或验收实施细则等，都有以下相关规定：①项目档案验收会议的议程之一是监理单位汇报项目档案质量的审核情况，或听取监理单位对项目档案整理情况的审核报告，或监理单位对本单位和主要施工单位提交的工程档案的整理情况与内在质量进行审核，并提交专项审核报告；②某时段工程建设工作汇报和项目各阶段验收，相应也要求提交工程建设项目档案监理审核报告；③监理单位负责对所监理项目的归档文件的完整性、准确性、系统性、有效性和规范性进行审查，其审查成果就是工程建设项目档案监理审核报告。因此，有必要探讨工程建设项目档案监理审核报告编制，供工程技术人员和档案管理人员参考借鉴。

5.3.1 含义

工程建设项目档案监理审核报告是监理单位全面系统总结在工程建设以来的项目档案监理工作的基本情况、档案监督管理措施、业绩成果、存在的问题及解决措施，是项目档案监理专业技术工作总结，是监理单位贯彻执行落实国家、项目行政主管部门和档案行政管理部门有关档案法律法规、标准制度的表现，同时也是监理单位工程建设项目档案管理技术工作综合能力、水平和成果的真实体现。

5.3.2 作用

(1) 工程建设项目档案监理审核报告是监理单位履行项目档案工作职责任务的成果，是一套完整真实的项目档案监理工作总结，是项目档案验收会议的主要汇报材料，是验收组成员了解该项目档案监理工作的综合素材，是建设单位编制工程建设项目档案管理工作报告的基础。

(2) 在项目档案验收工作中，是考核监理单位是否把项目档案工作纳入项目监理管理程序，是否与项目建设实行同步管理，是否落实监理单位项目档案工作领导责任制和监理人员岗位责任制，是否按照档案有关法规完成项目档案监督管理工作的依据。

(3) 在工程开工建设后，某时段工程建设工作汇报或项目各阶段验收，监理单位相应依次编制项目档案监理审核报告，可以检查当前监理单位和所监理的各施工单位档案管理工作情况，指导和改进下一步档案监督管理工作。

5.3.3 主要内容及基本要求

工程建设项目档案监理审核报告的主要内容：项目建设概况、监理单位工作概况、监理单位档案管理工作情况、监理单位档案审核情况、施工单位档案审核情况[33]、存在的问题及解决措施和审核结论。

工程建设项目档案监理审核报告的基本要求：报告由封面、扉页、目录、正文组成，封面包括报告名称、编制单位名称、单位公章和日期等内容，扉页包括报告编制、校对、审查和批准人签名和日期，正文需满足字体字号、行距、页边距、页码、正文各级标题序号等规范规定的排版要求。

5.3.4 具体要求

1. 项目建设概况

(1) 工程建设规模及建设内容。主要介绍工程项目名称、地点、任务、建设规模、建设内容、主要技术特征指标、项目组成、总投资、建设目标、计划工期等基本情况。

（2）参建单位与运行单位。主要介绍工程项目法人及组织机构，建设单位、设计单位、质量安全监督机构、检测单位、监理单位、施工安装单位、材料采购单位、运行单位等，按标段和建设内容，说明相应的设计、监理、质量安全监督单位等情况。

（3）工程项目划分、开工、完工及工程验收情况。主要介绍质量监督机构确认的工程项目划分情况，以及相应的分部工程、单位工程的开工时间、完工时间、相应工程验收时间、质量等级评定情况。

（4）工程专项验收及后续工作情况。按照行业建设管理程序和项目建设内容、工程项目划分、合同情况等确定或完成各单位工程验收、分项工程验收、合同工程完工验收、阶段验收、专项验收、竣工验收中相应的档案审查验收时间、结果及相关后续档案工作情况，可分别列表叙述[28]。

2. 监理单位工作概况

主要介绍该工程建设项目该监理标段的监理合同内容、派驻现场机构监理部名称、监理组织机构、所监理项目（即施工标段）、工程概算等情况。

3. 监理单位档案管理工作情况

（1）监理部档案管理工作基本情况。主要介绍监理部档案管理组织机构、档案工作职责、档案管理工作目标、项目文件管理制度和业务规范、工作方法和过程、档案库房设施和安全措施、档案信息化管理情况，监理档案形成、收集、整理、归档、移交情况，监督管理施工单位档案工作情况以及监理档案自检自评工作的情况。

（2）监理单位履行审核责任的组织情况。主要介绍监理单位档案审核工作制度和工作程序，监理审核依据、审核范围（即本监理标段和所监理的施工标段的项目文件）、审核原则、审核内容和审核措施及过程等情况。

4. 监理单位档案审核情况

主要介绍监理单位对本单位监理部的监理档案审核情况、审核过程中发现的问题及整改情况、审核监理档案范围、档案种类和数量统计，以及监理档案完整、准确、系统、规范与安全性评价。

5. 施工单位档案审核情况

主要介绍施工单位档案管理工作情况、施工档案自检自评工作的情况、工程档案的案卷整理和内在质量的审核情况、竣工图编制质量的审核情况、审核过程中发现的问题及整改情况、审核施工档案范围、施工档案种类和数量统计，以及施工档案完整、准确、系统、规范与安全性评价。

6. 存在的问题及解决措施

说明档案审核过程中有关遗留问题，包括在项目档案审核前，监理单位和所监理的施工单位对项目档案自检自评中发现的问题，以及其他需要说明的问题，提出解决措施，对后续工作继续产生的文件材料形成、收集、整理、归档、审核、移交等问题作出说明。

7. 审核结论

综合说明审核本监理单位和所监理的施工单位提交的项目档案的结论。

上述是以一个监理标段编制本监理标段的项目档案监理审核报告具体要求。若是工程建设项目规模大、监理标段多，则可将各监理标段的项目档案监理审核报告汇编成册；或建设单位协商项目档案专项验收组织单位同意后，在各监理标段的项目档案监理审核报告的基础上，全体监理单位联合编制该项目档案监理审核报告，具体要求章节中可分别按监理标段和施工标段列表方式表述相关内容和数量。

5.3.5 结语

在工程开工建设后，某时段工程建设工作汇报或项目各阶段验收，监理单位相应依次编制项目档案监理审核报告，可以不断改进完善档案管理工作和完善项目档案成果。待工程完工后，综合编制的工程建设项目档案监理审核报告，为工程建设项目档案专项验收或其他验收提供备查材料，同时为工程建设留下宝贵的历史档案。

5.4 编制工程建设项目施工档案管理工作报告[34]

查阅国家部委（局）、各行业、各省市的工程建设项目档案验收办法、验收规范或验收实施细则等，其中都有以下相关规定：其一，交通部与山西、内蒙古、江苏、浙江、福建省（自治区）的项目档案验收会议的议程之一分别是施工单位汇报项目档案编制情况[35]，项目施工单位汇报施工文件收集、整理及归档情况及竣工图编制情况[36]，施工单位代表汇报项目档案收集、整理、归档情况[37]，项目施工单位代表汇报项目施工文件、竣工图的编制及其管理情况[38]，项目施工单位汇报施工文件收集、整理、归档情况[39]，项目建设单位（法人）及施工、监理单位汇报项目建设概况、项目档案工作情况[40]；上述汇报材料就是工程建设项目施工档案管理工作报告。其二，某时段工程建设工作汇报和项目各阶段验收，相应也要求提交工程建设项目施工档案管理工作报告。其三，项目档案验收前，项目建设单位（法人）应当组织设计、施工、监理等单位负责人及有关人员，依照有关要求进行自检。其基础就是各单位自检，施工单位自检自评成果就是工程建设项目施工档案管理工作报告。例如，黑龙江省项目档案验收前，项目各施工单位应按要求向项目建设单位（法人）移交应归档的项目档案、档案检索工具和档案工作自检报告[41]。因此，有必要探讨工程建设项目施工档案管理工作报告编制，供工程技术人员和档案管理人员参考借鉴。

5.4.1 含义

工程建设项目施工档案管理工作报告是施工单位全面系统总结工程建设以来的施工档案管理工作的基本情况、档案管理措施、业绩成果、存在的问题及解决措施，是施工档案管理的专业技术工作总结，也是施工单位贯彻执行落实国家、项目行政主管部门和档案行政管理部门有关档案法律法规、标准制度的体现，同时也是施工单位工程建设项目档案管理技术工作综合能力、水平和成果的真实体现。

5.4.2 作用

（1）工程建设项目施工档案管理工作报告是施工单位履行项目档案工作职责任务的成

果，是一套完整真实的施工档案管理工作总结，是项目档案验收会议的主要汇报材料之一，也是验收组成员了解该项目施工档案管理工作的综合素材，是建设单位编制项目档案专项验收申请报告和项目档案管理工作报告的基础，也是监理单位做好项目档案审核工作和编制工程建设项目档案监理审核报告的基础。

（2）施工档案管理工作报告是项目档案验收工作中的佐证材料，便于考核施工单位是否将项目档案工作纳入项目施工管理程序，是否与项目建设实行同步管理，是否落实项目档案工作领导责任制、工程技术人员和档案管理人员岗位责任制，是否按照档案有关法规完成项目档案管理工作。

（3）在工程开工建设后，某时段工程建设工作汇报或项目各阶段验收，施工单位相应依次编制施工档案管理工作报告，可以检查当前施工单位档案管理工作情况，指导和改进下一步施工档案管理工作。

5.4.3 主要内容及基本要求

工程建设项目施工档案管理工作报告的主要内容：项目建设概况，施工单位工作概况，施工单位档案管理工作情况，项目文件的形成、收集、整理与归档情况，竣工图纸编制及编制质量情况，存在的问题及解决措施和自检评价结论。

工程建设项目施工档案管理工作报告的基本要求：报告由封面、扉页、目录、正文组成，封面包括报告名称、编制单位名称、单位公章和日期等内容，扉页包括报告编制、校对、审查和批准人签名及日期，正文需满足图表清晰，字体字号、行距、页边距、页码、正文各级标题序号等规范规定的排版要求。

5.4.4 具体要求

1. 项目建设概况

（1）工程建设规模及建设内容。主要介绍工程项目名称、地点、任务、建设规模、建设内容、项目组成、总投资、建设目标、计划工期等基本情况。重点介绍本施工标段的建设内容、工期和要求，以及工程建设过程中设计变更等情况。

（2）本施工标段参建单位与运行单位。主要介绍本施工标段（施工单位）对应的工程项目法人、建设单位、设计单位、质量安全监督机构、检测单位、监理单位、材料采购单位、运行单位等相关单位或部门。

（3）施工标段工程项目划分、开工、完工及工程验收情况。主要介绍本施工标段中质量监督机构确认的工程项目划分情况，以及相应的分部工程、单位工程的开工时间、完工时间、相应工程验收时间、质量等级评定情况。

（4）本施工标段工程专项验收及后续工作情况。按照行业建设管理程序和项目建设内容、工程项目划分、合同情况等确定各单位工程验收、分项工程验收、合同工程完工验收、阶段验收、专项验收、竣工验收中相应的档案审查（验收）时间、结果及相关后续档案工作情况，可分别列表叙述[28]。

2. 施工单位工作概况

主要介绍本施工标段的施工单位名称、施工合同主要内容、派驻现场机构项目部名称、组织机构、制度建设等情况。

3. 施工单位档案管理工作情况

（1）项目部档案管理工作基本情况。主要介绍项目部档案管理组织机构、档案工作职责、档案管理工作目标、项目文件管理制度和业务规范、工作方法和过程、文件材料库房设施和安全措施、档案信息化管理情况。

（2）施工单位履行检查责任的组织情况。主要介绍施工单位对本单位派驻现场机构项目部形成、收集、整理、组卷和归档的项目文件进行定期或不定期监督检查指导和归档移交前检查情况，包括档案检查工作制度和工作程序，检查依据、检查原则、检查范围、检查内容、检查措施及过程、检查记录和问题整改落实等情况，以及项目行政主管部门、档案行政管理部门、建设单位档案管理机构和监理单位的监督检查、审核项目文件后督促项目部整改落实相关问题情况。

4. 项目文件的形成、收集、整理与归档情况

主要介绍施工单位项目文件形成、收集、整理、组卷、归档、移交情况，档案种类和数量统计，以及档案完整、准确、系统、规范与安全的评价。

5. 竣工图纸编制及编制质量情况

主要介绍竣工图纸编制依据和采用依据文件材料（即设计蓝图、设计变更、工作联系单、工程技术文件、施工记录、检验记录和工程签证等），竣工图的编制范围、基本要求、竣工图编制情况明细表［包括序号，案卷名称，图纸总数（张），工程部位，每案卷中原图未改、原图修改、重新出图的数量和重新出图图号］，采用依据文件与竣工图修改对照图一览表（包括序号、依据文件名称、责任者、文件产生日期、修改内容、设计图纸编号、设计图纸名称、竣工图编号、竣工图纸名称等），竣工图案卷和图纸数量统计，编制质量情况，监理单位审核情况及本施工单位整改情况等。

6. 存在的问题及解决措施

说明施工单位项目档案管理工作自检自评中发现的问题，以及其他需要说明的问题，提出解决措施，对后续工作继续产生的文件材料形成、收集、整理、归档、检查、移交等问题作出说明。

7. 自检评价结论

综合说明本施工单位提交的项目档案完整、准确、系统、规范与安全的自检评价结论。

5.4.5 实践成效

广东省档案局与广东省发展和改革委员会联合以贯彻落实《国家档案局国家发展和改革委员会关于印发〈重大建设项目档案验收办法〉的通知》为契机，于 2006 年 8 月 30 日创立广东省重大建设项目档案金册奖。项目档案验收结果按照《广东省重大建设项目档案验收评分表》进行评分：≥95 分为优秀；90（含）～95 分为优良；85（含）～90 分为良好；75（含）～85 分为合格；＜75 分为不合格。档案金册奖条件之一是项目档案验收评分达到优秀且案卷质量单项总分不低于 57 分（案卷质量标准分为 60 分）。

2014—2019 年，广东省档案局组织了广东省水利厅管辖的省重点水利工程 6 宗项目档

案专项验收，评定5宗为优秀和1宗为优良等级，其中仁化县湾头水利枢纽工程、珠海市竹银水源工程和韩江粤东灌区续建配套与节水改造应急工程（安揭总干渠潮州段）分别荣获2014年、2016年和2018年广东省重大建设项目档案金册奖（简称金册奖），具体详见表5.1。

表5.1　广东省重点水利工程6宗项目档案专项验收

序号	验收组织单位	工程名称	档案专项验收标准	评定等级	档案专项验收时间	荣获奖项
1	广东省档案局	仁化县湾头水利枢纽工程	广东省重大建设项目档案验收评分标准	优秀	2014年4月23日	金册奖
2	广东省档案局	珠海市竹银水源工程	广东省重大建设项目档案验收评分标准	优秀	2016年11月15日	金册奖
3	广东省档案局	广东省中小河流水文监测系统建设2011年实施方案	广东省重大建设项目档案验收评分标准	优秀	2017年6月13日	
4	广东省档案局	清远水利枢纽工程	广东省重大建设项目档案验收评分标准	优良	2018年7月26日	
5	广东省档案局	韩江粤东灌区续建配套与节水改造应急工程（安揭总干渠潮州段）	广东省重大建设项目档案验收评分标准	优秀	2018年7月16—17日	金册奖
6	广东省档案局	飞来峡水利枢纽社岗防护堤除险加固工程	广东省重大建设项目档案验收评分标准	优秀	2019年8月15—16日	

《水利部关于印发〈水利工程建设项目档案验收管理办法〉的通知》（水办〔2008〕366号）第三条：档案验收依据《水利工程建设项目档案验收评分标准》对项目档案管理及档案质量进行量化赋分，满分为100分。验收结果分为3个等级：总分达到或超过90分的，为优良；达到70～89.9分的，为合格；达不到70分或“应归档文件材料质量与移交归档”项达不到60分的，均为不合格。

2014—2019年，广东省水利厅组织了省水利厅管辖的省非重点水利工程2宗项目档案专项验收，均评定为优良等级，具体详见表5.2。其他在建或已完工待验收的省重点水利工程建设项目档案管理工作也取得了良好成效，为水利工程建设项目质量安全和投资控制提供了强有力的保障。

表5.2　广东省非重点水利工程项目档案专项验收

序号	验收组织单位	工程名称	档案专项验收标准	评定等级	档案专项验收时间	备注
1	广东省水利厅	广东省西江流域管理局鹤洲北基地防护应急工程	水利工程建设项目档案验收评分标准	优良	2018年12月13日	属地档案局参加验收
2	广东省水利厅	广东省国家防汛抗旱指挥系统二期工程	水利工程建设项目档案验收评分标准	优良	2019年8月21日	

取得上述成效，关键是广东省水利厅在对管辖的在建省重大水利工程监督指导采取了很多有效措施，其中措施之一就是坚持每年组织对省重点水利工程建设项目档案现场监督检查和指导，要求建设单位、监理单位和施工单位汇报各单位项目档案管理工作情况；在项目档案专项验收前，要求建设单位、监理单位、设计单位和施工单位分别提交项目档案管理工作报告、项目档案监理审核报告、设计档案管理工作报告和施工档案管理工作报告，再次在验收前对项目档案进行检查指导与审核，各单位补充、修改和完善上述报告后作为项目档案专项验收会议材料；每年组织的广东省水利工程建设项目档案工作培训班中授课内容均会提到各参建单位项目档案管理工作报告事项。总的来说上述成效也起到了示范作用。

5.4.6 结语

在工程开工建设后，某时段工程建设工作汇报或项目各阶段验收，施工单位相应依次编制施工档案管理工作报告，可以不断改进完善档案管理工作和完善项目档案成果。待工程完工后，综合编制的工程建设项目施工档案管理工作报告，为工程建设项目档案专项验收或其他验收提供备查材料，同时为工程建设有关活动、工程建设主要过程和工程现状提供了宝贵的项目档案。

第6章

水利工程建设项目档案质量管理实例

6.1 珠海市竹银水源工程档案质量管理实践[43]

6.1.1 工程概况[44]

珠海市竹银水源工程是广东省贯彻落实国务院批准的《保障澳门、珠海供水安全专项规划报告》解决澳门、珠海咸期供水安全的关键工程，也是列入国务院批准的《珠江三角洲地区改革发展规划纲要》(2008—2020年)中关于建立合理高效的水资源配置和供水安全保障体系所明确的两宗项目之一。工程由新建竹银水库、扩建月坑水库以及连接隧洞、泵站、输水管道等组成。工程概算总投资95590万元，2009年4月开工建设，2011年4月主体工程完工，2011年8月全面投入运行。工程建成后试运行，通过泵站抽水、水库蓄淡，与珠海现有的供水系统相结合向澳门、珠海东区（主城区）和珠海西区水厂供水，为珠澳两地的供水安全发挥了巨大的作用，受到了社会各界尤其是澳门特别行政区政府的高度赞誉。

竹银水源工程项目档案严格按照《重大建设项目档案验收办法》(档发〔2006〕2号)和《水利工程建设项目档案验收管理办法》(水办〔2008〕366号)的有关规定，对项目文件材料进行收集、整理和归档，做到了制度健全，案卷完整，分类合理，条目清晰，整编规范，材料真实，管理安全，内容和质量达到了完整、准确、系统的要求；工程竣工图编制符合规定要求，图物相符，图面整洁、清楚，签章手续完备；实现了档案管理信息化。已归档的档案共有2334卷，竣工图纸共有1869张。

2016年11月15日广东省档案局组织了珠海市竹银水源工程项目档案专项验收，工程评定为优秀等级；2017年2月21日经广东省档案局审核确认：珠海市竹银水源工程项目档案荣获2016年度广东省重大建设项目档案金册奖。

6.1.2 项目档案质量的要求及管理

1. 项目档案质量的要求

项目档案质量总的要求是完整、准确、系统，主要包括外在规范和内在质量两方面[11]。不仅是档案外在达到规范性要求，而且档案内在质量达到齐全完整、真实准确、规范系统、耐久有效。具体要求如下：

(1) 档案资料的完整性。根据工程建设内容、建设管理程序、质量监督站批复的项目划分、建设单位与参建单位的合同协议，工程建设过程中各阶段形成的不同种类应归档的材料必须齐全，内容必须完整。

(2) 档案资料的准确性。卷内文件材料必须真实准确，图物相符，数字、图表等准确可靠，时序合理，时间符合逻辑，签字手续印章真实、清晰。

(3) 档案资料的系统性。按照《珠海市竹银水源工程档号分类表》，档案的整编组卷必须按照其形成规律和成套性特点，保持卷内文件之间的有机联系、分类科学、组卷合理、卷内文件编号排序正确。

(4) 档案的案卷质量符合《科学技术档案案卷构成的一般要求》的要求。案卷目录、案卷封面、案卷脊背、卷内目录、卷内备考表等符合要求，各卷的格式、字体、字号等保持一致。

(5) 竣工图的准确性。竣工图是工程建设完工情况的实际反映，是工程竣工验收的主要依据。根据施工图纸和设计变更通知单，竣工图编制必须图物相符，图面清晰，竣工说明准确，施工单位和监理单位在竣工图上签字手续完备。

(6) 声像文件材料必须能够有效使用和安全保管。如照片、录音、录像及电子磁盘、光盘等特殊载体的声像文件材料，其存储格式必须符合国家有关规范和工程声像档案要求，以保证今后的有效使用和安全保管。

(7) 电子文件必须真实、完整和有效。归档电子文件同时存在相应的纸质或其他载体形式的文件时，在内容、相关说明及描述上要保持一致。

2. 项目档案质量管理

项目档案质量管理是指项目档案从文件材料生成、整理、检查、审核、审查、归档、验收、保管、利用等一系列档案工作环节流程中，按照各项规程、规范、办法、制度和要求衡量项目档案质量需要达到的程度，体现工程技术（行政管理）人员对工程建设项目活动记录或质量把关的优劣程度，同时反映了工程建设项目所有参与人员履行岗位职责，整理形成档案的真实记录过程，是贯穿于档案形成全过程的质量管理[5]。

珠海市竹银水源工程建设单位（项目法人）一直高度重视工程档案工作，将档案质量管理措施贯彻落实到工程建设管理全过程每一环节，同时要求在档案外在规范的基础上，高度重视档案内在质量。不论是建设单位和参建单位及其参建人员对档案形成的全过程，还是主管、档案、监管等部门及其工作人员对工程档案的督导、检查，都按各自职责，严格遵守执行有关法律法规和标准制度，确保工程档案内在质量，从而保证工程档案的总体质量。

6.1.3 项目档案质量管理的措施

1. 领导高度重视，健全档案管理机构

科学的管理机制是推动档案工作落实的前提，建设单位积极建立和不断完善适应工程档案管理机制，形成了宏观规划、强化监管、协调沟通的档案工作体系。

(1) 成立建设单位档案工作领导小组。实行“正职领导统一领导，副职领导具体分管，专职档案员负责，部门兼职档案员协助”的分层负责体系，即由项目法人全面负责项目档案管理工作，并指定一位副主任分管档案工作，办公室、总工室、综合计划科、工程建设科负责人为档案管理具体责任人，配备专（兼）职档案员，负责本工程档案规划、监督、管理、指导、检查、验收工作，发挥建设单位在工程档案工作中的主体作用。

(2) 强化项目参建单位档案工作体系。要求参建单位成立工程档案工作领导小组，按照建设单位的要求，开展工程文件材料的原始积累、准确性审核、规范性整理和高质量移交。

通过这种工作机制，达到工程档案形成的高质化、流程的科学化、整理的规范化和移交的完整化。各参建单位成立工程档案工作领导小组，确定由项目经理、项目总监等分管项目档案工作，选派经过档案专业岗位培训的具有埋头苦干、乐于奉献、锐意进取精神的档案管理人员担任专职档案员，同时配备兼职档案员，积极配合建设单位做好档案工作，形成了“横向到边，纵向到底”的档案工作管理网络。竹银水源工程项目划分为 6 个标段，参建单位达 30 多个，通过建立和完善档案工作机制，形成档案工作管理网络，达到了项目档案的有效管理。

2. 制定管理目标，出台规章制度标准

竹银水源工程从开工建设开始，在广东省水利厅、珠海市海洋农业和水务局、省及市档案局的监督指导和大力支持下，建设、设计、监理、施工明确争创广东省重大建设项目档案金册奖的目标。建设单位制定、修改和完善了档案管理制度和业务标准，同时印发各参建单位试行。除档案利用、保密、库房管理和鉴定销毁制度等常规制度外，重点编制了《珠海市城乡水利防灾减灾、竹银水源工程档案整理操作规程》《珠海市城乡水利防灾减灾、竹银水源工程竣工文件编制规定》《珠海市城乡水利防灾减灾、竹银水源工程建设项目文件材料归档范围与保管期限表》《珠海市竹银水源工程项目档案编制说明》等 12 项业务标准。

3. 加强事前控制，规范合同协议文件

建设单位在工程的招标和签订设计、监理、施工合同或协议时，设立专门条款，明确规定设计单位、监理单位、施工单位对工程文件的收集、整理、移交责任和违约责任等；明确档案收集、整理、验收、考核、归档的份数，竣工图的套数，电子文件的格式，档案质量等方面的要求。同时，在合同中明确档案内容与质量达不到要求的，参建单位应负有相应的责任，以及相关的处理措施。例如，规定施工单位在未完成归档工作（办理移交手续）前，暂不返还其工程质量保证金；工程竣工档案没有通过档案行政管理部门及建设单位档案室的预验收，不能进行工程结算，并暂不支付施工单位的工程尾款；设计单位、监理单位在未完成归档工作前，都暂不支付设计、监理费尾款。通过将工程文件材料的收集、整理和归档纳入合同管理的措施，强化各参建单位的责任，同时采用款项支付有效实施监控。

4. 强化岗前培训，提高人员综合素质

做好工程档案工作必须有一支综合业务能力强、素质良好的档案工作队伍。建设单位充分认识到提高档案工作队伍专业技术水平和业务素质的重要性，工程技术人员是档案内在质量的把控者，档案管理人员是档案外在规范的操作者。积极组织参建单位档案负责人和工程技术人员参观考察学习示范工程、精品工程和获奖项目的先进档案管理工作经验，并组织各参建单位档案人员参加档案、水行政主管部门组织的档案培训；积极主动与莅临竹银水源工程现场参观学习，与省内水利系统单位交流工程档案管理经验，取长补短。同时，建设单位做好档案管理工作总结，多次在广东省水利系统档案工作会议、珠海市档案工作会议上介绍工程档案管理工作经验。

5. 强调同步进行，确保档案真实齐全

工程档案管理是建设项目管理的重要组成部分，工程档案管理工作必须与工程建设同步进行，这既是国家相关档案法律法规的规定，同时也是保证项目档案完整、准确、系统归档的重要监控措施。通过同步进行，做到工程档案在形成的同时就能全部归档，并达到档案质量的要求。因此，建设单位要求档案管理工作与项目提出、可行性研究、初步设计、决策、招（投）标、施工、质检、监理、工程结算、竣工验收同步进行，对各阶段形成的文字、图纸、图表、声像、计算材料（含电子文件）进行收集、积累、整理，对立项、设计、施工中形成的报告、批复、图纸、合同、标书、备忘录、协调文件及领导视察活动等文件材料，在形成的同时悉数归档。如不及时记录、收集、整理、归档，对工程建设和运行管理将会造成不可弥补的损失。

6. 加强监督检查，促进档案工作常态

按照集中统一领导、分级管理的原则，建设单位对工程档案工作统一领导，对工程档案实行综合管理。在工程建设过程中，档案人员负责工程档案的监督和指导，对工程档案管理工作实行全程监控。坚持“谁产生，谁立卷”的原则，指导项目前期立项审批、招投标、合同勘察、设计、拆迁、施工、监理、竣工验收等档案的立卷移交工作；定期组织业主代表、工程技术人员、设计代表、项目总监、项目总工等到各项目部进行交叉检查项目文件材料的形成质量以及收集、整理、归档等情况；通报检查情况和各单位整改情况，以书面文件材料归档，作为参建单位工程建设各阶段的考核依据之一。

7. 优先验收档案，推进各项验收工作

根据《国家档案局　国家发展和改革委员会关于印发〈重大建设项目档案验收办法〉的通知》，项目档案验收是项目竣工验收的重要组成部分，未经档案验收或档案验收不合格的项目，不得进行或通过项目的竣工验收。对项目档案的验收做到规范、严格把关是保证项目档案质量的重要环节。建设单位坚持每个分部工程、单位工程验收和合同工程完工验收时，同时进行档案验收。项目验收前，建设单位档案人员、工程技术人员以及监理、设计、运行管理单位人员一起检查审查有关施工、监理文件材料是否按竣工验收的标准制备，档案质量不过关、整改不到位，不得申请工程验收。文件材料验收合格后报验收工作组，方可主持召开相关阶段验收会议。建设单位档案人员共参加了85个分部工程、16个单位工程、11个合同工程完工验收。通过验收前对文件材料内在质量的检查、指导、整改、复核，保证了各参建单位档案内在形成质量，从而推进各项验收工作和保证工程档案质量。

8. 审查档案资料，把守档案移交关口

为使工程档案达到广东省档案局、省重点项目工作领导小组办公室《关于加强广东省重大建设项目档案工作监管的通知》的广东省重大建设项目档案金册奖标准，建设单位在档案工作领导小组领导下，一是设立建设单位档案室，配备专职档案人员2人，统一制定工程档案工作各项管理规定及技术指标，同时监督、指导及协调各参建单位做好工程文件材料的收集、整理、立卷和归档工作，负责建设单位工程档案的收集、整理、立卷和归档工作，负责各分部工程验收、单位工程验收和合同工程完工验收前文件材料审查及参加验收工作。二是成立工程档案审查工作小组，负责工程档案专项验收前所有单位应归档档案的审查工作，小组成员5人，包括：建设单位2位审查人员，一位是长期从事工程建设管理的具有高级职称的技术负责人，另一位是长期从事工程建设项目档案工作具有副研究馆员职称的专职档案管理人员；其他3位审查人员分别是设计单位的设计代表、主体工程施工单位的技术总工程师和监理单位的总监理工程师，对文件材料形成、整理、组卷等质量，从严把关，确保工程档案的真实性、完整性、准确性和系统性。通过上述措施，确保工程档案专项验收前，工程档案达到齐全完整、真实准确、案卷质量完好、档案保管安全的要求，为档案专项验收提供坚实的基础。

9. 借力上级部门，营造同心协力环境

要使工程档案工作获得有效管理和档案规范化持续、均衡、快速发展，就必须重视加强与水行政主管、档案行政管理部门的联系，虚心接受档案业务指导。建设单位从工程建设一开始，主动积极密切联系广东省水利厅、省档案局、珠海市海洋农业和水务局、市档案局，及时取得上级部门的支持，自觉将工程档案工作置于水行政、档案行政管理部门的指导和监督之下，确保档案工作在高起点、高标准的层面上展开；同时，虚心接受广东省水利厅、省档案局、珠海市海洋农业和水务局、市档案局等单位的领导和业务专家现场检查、指导档案工作，为提升档案管理水平和确保档案质量奠定了良好的基础。当然，业务指导是双重性的，作为工程建设单位，对上，接受上级主管部门和档案部门的指导与监督；对下，则对各参建单位档案工作进行监督与指导，通过到各参建单位调研、实地指导、办培训班和召开业务工作会议等措施、途径，了解各参建单位的档案工作情况，促进各单位业务工作的交流，从而提高各参建单位档案管理工作水平和确保档案质量。通过上下联动，营造了同心协力做好档案工作的良好环境，促进工程档案质量的提升。

10. 严格自检完善，确保专项验收优秀

为确保项目档案顺利通过档案、水行政主管部门的联合验收，达到规范化、科学化、信息化的目标，各参建单位档案正式归档移交建设单位前，建设单位成立由各部门负责人和技术人员及档案人员、项目经理、项目总监、设计代表等人员组成档案自检小组，分组对按规定应该归档的文件材料进行归档移交前的自检，并邀请当地档案局、上级主管部门有关人员对全部拟接收的档案资料进行检查，对检查中发现的问题，各参建单位核查后整改。通过对档案资料进行抽查、听取档案管理工作的报告、质疑答辩，形成自评意见和自评得分。为此，竹银水源工程文件材料达到了形成质量好，收集齐全，整理规范，竣工图编制准确、整洁，印章签字手续完备的要求。

6.1.4 珠海市竹银水源工程档案管理工作的启示[45]

1. 高度重视，切实提高工程档案重要性的认识

建设单位在高度重视工程建设进度、质量和安全的前提下，同样高度重视工程档案管

理工作，充分认识到新时期工程档案工作的重要性，始终坚持把工程档案工作作为工程建设管理的重要组成部分，列入项目建设管理的长效机制中，明确工程档案管理是工程质量安全生产工作的重要任务，关系到人民群众安全，关系到社会稳定大局，特别是该工程要保障澳门特别行政区和珠海经济特区供水安全，因其社会影响大、关注度高，显得尤为突出和重要。

在工程开工伊始就成立了竹银水源工程档案工作领导小组，由项目法人全面负责项目档案管理工作，并指定一位副主任分管档案工作，设立档案室并配备专职档案人员 2 人，负责工程档案管理工作；严格要求和落实各参建单位成立相应的档案工作小组，形成了自上而下工程档案管理工作网络，明确了领导层面有人负责，具体工作每一环节均有责任人，相关单位通力配合，共同促进工程档案工作的开展。

在工程建设实施过程中，通过各种文件、会议、培训、交流等方式引导和全面提高全体工程技术和档案管理人员对工程档案重要性的认识，认真贯彻落实和执行国家和省市的档案法规制度，从“对历史负责，为现实服务，替未来着想”的高度，切实增强做好档案工作的责任感和事业心，采取行之有效的举措，自觉按照《重大建设项目档案验收办法》等相关规定和文件精神，抓好工程档案工作的落实。

2. 精心组织，切实做好工程档案管理准备工作

广东省水利厅、省档案局、珠海市海洋农业和水务局、市档案局和建设单位在工程建设之初，一致提出了争创广东省重大建设项目档案金册奖的档案管理工作目标，旨在通过强化档案基础管理工作，切实提高档案收集整理、立卷归档、保管借阅、安全保密等各个环节的规范化建设水平，以规范严格的工程档案管理来推进工程建设管理科学化和规范化，促进工程建设进度、质量和安全工作。为此，建设单位通过精心组织，做好如下工程档案管理前期规划和准备工作：

(1) 按照国家、省市各级部门档案工作法律法规，制定《珠海市城乡水利防灾减灾、竹银水源工程项目档案规范化管理工作方案》以及文件材料归档范围与保管期限表、档号分类表、项目档案编制说明、档案整理操作规程、竣工图的编制规定、档案库房管理制度、档案保密制度、档案利用制度、档案鉴定与销毁制度等等档案管理制度和业务标准，为做好档案管理工作提供了有效的保障。

(2) 结合招投标工作，在编制招标文件和与设计、施工、监理等单位签订合同时，明确各参建单位档案管理职责，设立专门条款：采用统一的档案管理软件；在提交纸质档案的同时，必须同时提交电子文档；明确竣工档案的收集、整理、组卷、套数、内容、质量、费用、移交范围、移交时间和违约责任等要求。

(3) 明确档案室专人负责做好工程建设前期文件材料收集整理和归档保管工作，加强做好工程建设期对各参建单位业务指导和监督及各阶段验收工作。

3. 强化监督，切实落实工程档案管理工作主体责任

在建设单位的监督下，各参建单位认真履行合同协议中工程档案管理主体责任，建立了健全各单位内部档案管理制度，不断加强档案工作的组织管理，强化全员责任制和岗位责任制。

(1) 各参建单位分管档案工作领导监督管理本单位档案管理具体人员工作。

(2) 监理单位监督施工单位按照有关规定和施工合同约定进行文件材料收集、整理、组卷等，对施工单位提交的归档文件材料进行审核。

(3) 质量监督单位除了对工程实体质量监督外，对工程档案和工程实体进行质量等级评定。工程质量监督人员除了重视施工过程文件的质量控制外，在进行质量检验时，还注重对所检内容的准确性，把好工程文件材料的内在质量关；在对工程实体进行检查的同时，检查施工记录、检测资料和试验材料的真实性，为参建单位档案内在质量提供了技术保障。

(4) 建设单位定期组织各参建单位工程技术和档案管理人员、设计代表、项目总监、项目总工等进行交叉检查，促进各参建单位文件材料的形成收集和整理组卷质量，达到相互检查、相互监督、相互学习、相互改进和共同提高的目的。

(5) 建设单位档案管理人员参与工程建设管理每一过程，特别是各分部工程验收、单位工程验收和合同工程完工验收，实行前、中、后期全程监控。

(6) 建设单位和参建单位虚心接受水行政主管部门或档案行政管理部门的30多次实地监督检查和业务指导，同时积极邀请上述部门亲临现场检查和业务指导。

建设单位根据工程建设进度分阶段通过文件、会议、合同等落实各参建单位有关的项目各类文件材料归档进度，保证了工程档案工作与工程建设的同步开展。因为各单位切实落实了工程档案管理主体责任，所以，从工程开工建设直至验收，各单位的档案工作分管领导和专职档案人员，不论工作调动或更换，自始至终都保证档案工作岗位有人专心负责，认真落实各自的责任，做好各自单位的档案管理工作。

4. 突出重点，切实做好工程档案管理各项工作

建设单位认真贯彻落实国家、省市有关档案法规和本工程档案管理制度，突出如下重点：

(1) 加强建设单位档案室人员和财物配置，档案室档案人员积极主动参与工程建设过程现场检查巡查工作，及时了解并敦促参建单位文件材料形成和收集，确保工程档案与工程建设同步，同时对文件材料内在质量给予检查和指导，保证了文件材料的真实性和完整性。

(2) 加强建设单位档案室监督检查力度，定期到工地现场监督指导工作，对检查情况进行通报，并要求参建单位限期整改，并对整改情况进行复核，按要求建立档案工作台账并逐一落实整改。

(3) 加强各分部工程验收、单位工程验收和合同工程完工验收前相关的文件材料审查工作，严格按照广东省重大建设项目档案验收评分标准审查，文件材料审查合格后报验收工作组，才主持召开验收会议，档案室档案人员共参加了85个分部工程、16个单位工程、11个合同工程完工验收。

(4) 加强档案专项验收前的档案审查工作，建设单位档案和参建单位移交前档案必须经工程档案审查工作小组审查，审查通过后，方可接收参建单位档案和办理移交手续，以及申报工程档案专项验收。

5. 确保安全，扎实推进档案管理设施设备及信息化建设

建设单位高度重视工程档案管理工作，加大投入，保障档案管理工作经费，确保档案

安全保管条件，扎实推进档案管理设施设备及数字化建设。一是专门布置宽敞的档案库房、阅览室和办公室。档案库房配置智能密集架15列×6组，安装防盗门窗、空调和若干手持式灭火器等设备。二是配置档案专用电脑、扫描仪、打印机、空调、抽湿机、消毒柜、防磁柜等设施设备，达到防盗、防火、防潮等“十防”要求，确保档案安全保管。三是购置档案管理网络版办公软件，科学规范系统管理档案，完成竹银水源工程共计文书档案144卷、科技档案2190卷、会计档案148卷、声像档案12卷、光盘档案149盘、实物档案2卷和照片档案10卷（1480张）等录入。四是积极做好工程档案电子化数字化处理，电子文件归档率达到100%，并采用光盘、软件存储和防磁柜存储光盘等方式备份电子文件，同时还异地保存备份。

6. 培训交流，切实提高工程技术和档案人员的档案管理技能

建设单位充分认识到提高参建单位工程技术和档案管理人员档案专业技术水平和业务素质的重要性，非常重视工程技术和档案管理人员对工程档案重要性和业务的培训交流，积极营造做好工程档案管理工作的氛围。每年分批组织各单位工程技术和档案管理人员参加广东省、市水行政主管、档案行政管理部门的工程建设项目档案专题讲座、网络授课等培训，前后4次组织参观学习海南省大隆水库、北江大堤加固达标工程、乐昌峡水利枢纽工程、仁化县湾头水利枢纽工程等项目先进的档案管理工作经验，或与茂名市档案局及水务局、廉江市水务局、广东省水利水电科学研究院等单位交流学习档案管理，促进了工程技术人员高度重视工程档案工作，熟悉掌握档案管理工作业务理论和知识技能，也促进了档案管理人员了解掌握工程基础知识和工程建设管理相关要求，对本工程档案管理工作起到了巨大的鼓舞和推动作用，为做好档案工作提供了坚强保障，为提升档案管理水平奠定了良好的基础。

此外，本工程的工程技术人员和档案管理人员虚心请教、精益求精的工作态度和敬业精神令人敬佩。潘运方曾受建设单位邀请授课，内容主要是工程档案重要性、档案质量含义、内在质量解析及要求、档案质量管理等，全体参加人员专心致志，没有迟到早退、中途离场，也没有吵闹或玩手机，人人如同小学生上课一样认真听写，课后踊跃询问和交流，他们是潘运方历次授课中最令人感动的聆听者和高能力、高水平的交流者；另外，笔者曾参加2014—2016年中每年一次的工程档案现场监督检查，其中程序之一是检查组成员在会议室现场各单位摆放的全部案卷中抽查案卷，各参会单位的档案负责人或档案人员主动踊跃地拿着自己的某案卷请检查组成员帮忙查阅是否符合要求、是否需改进。不论是否是本单位案卷，都认真聆听检查人员讲解，并以此对照检查自己的案卷。据了解，这种现象，以前亦是如此，不断追求完美。他们都有一个愿望：档案没有最好，只有更好。

建设单位编印了《珠海市竹银水源工程项目档案管理监督指导经验交流工作照片》画册，记录了广东省、市水行政主管、档案行政管理部门对该工程档案工作监督检查和业务指导，建设单位对该工程参建单位档案工作监督指导，建设单位组织参建单位参观交流学习项目档案管理工作经验等档案管理工作照片94张，按照目录、照片、时间、地点、文字说明信息等照片档案要求统一排版印制成册，是对档案管理工作过程的总结。

6.1.5 结语

广东省重大建设项目档案金册奖是广东省档案局以贯彻落实《国家档案局 国家发展

和改革委员会关于印发〈重大建设项目档案验收办法〉的通知》为契机，于2006年8月30日与广东省发展和改革委员会联合创立的奖项，是广东省重大建设项目档案管理工作的最高荣誉奖。截至2016年，10年间共有50个项目（其中广东省水利建设项目4个）获此殊荣。珠海市竹银水源工程项目档案获得广东省重大建设项目档案管理的最高荣誉——金册奖，是在广东省、市水行政主管、档案行政管理部门重视与支持下，建设单位和参建单位高效开展工程档案管理工作的成果体现，也是工程建设项目实施全过程的档案完整、准确、系统和安全的典型代表，其档案管理工作的启示值得借鉴和学习。

6.2 韩江粤东灌区应急工程项目档案管理实践[46]

通过介绍韩江粤东灌区续建配套与节水改造应急工程（安揭总干渠潮州段）档案管理的实践，阐述该工程档案管理措施及取得的成效。

6.2.1 项目概况

韩江粤东灌区续建配套与节水改造工程位于广东省东部韩江三角洲地区及榕江、枫江下游部分地区，包括北关、安揭、东凤、江东围、攀月头、隆都、上蓬、一八、溪南、苏北等10个子灌区，工程设计灌溉面积达69万多亩，改造受益灌溉面积59万多亩，总投资为32亿多元，是被列入全国172项节水供水重大水利工程实施计划的大型灌区续建配套与节水改造项目，也是广东省委、省政府《关于促进粤东地区实现“五年大变化”的指导意见》和《关于加快我省水利改革发展的决定》的重大建设项目。2011年，经广东省政府同意，灌区的重点渠段：安揭总干渠潮州段作为韩江粤东灌区续建配套与节水改造工程应急工程先期启动，由广东省韩江流域管理局作为建设单位（项目法人）负责工程建设工作。安揭总干渠潮州段工程建设内容包括：改造渠道9.643km，改造各类渠系建筑物90座，其中新建2座、重建86座、维修2座；总投资为8567万元。总干渠及渠系建筑物工程级别均为4级，防洪标准为20年一遇，设计农田灌溉用水保证率为90%。该工程划分为安揭干渠潮州段A和安揭干渠潮州段B两个单位工程，分别于2013年7月10日和2016年3月15日开工，分别于2014年9月20日和2017年4月10日完工；于2017年10月18日通过合同工程完工验收。

6.2.2 项目档案管理措施

1. 接受监督管理，高标准做好项目档案管理工作

安揭总干渠潮州段工程的建设单位广东省韩江流域管理局是广东省水利厅直属单位。按照水行政主管部门档案工作职责，由广东省水利厅政务服务中心负责该工程档案工作的监督指导。广东省水利厅政务服务中心对该工程档案管理工作高度重视，加强监督管理工作。建设单位积极配合下列监督检查指导工作：①商议确定该工程档案工作目标是力争广东省重大建设项目档案金册奖［其条件是项目档案验收评分达到优秀（综合评分≥95分）且“案卷质量”单项总分不低于57分（案卷质量标准分为60分）］；②加强沟通联系，对日常档案有关问题及时商议解决；③建设单位档案分管领导和负责人参加每年底广东省

水利厅直属系统档案工作会议，参观考察示范工程现场和经验交流；④组织各参建单位工程技术和档案管理人员每年参加全省水利工程建设项目档案工作培训；⑤虚心接受2013—2017年（每年至少一次）政务服务中心到工程现场监督检查指导和2018年档案专项验收前现场检查指导，并落实整改到位。通过上述措施，对做好项目档案工作和提高项目档案质量起到了很好的促进作用。

2. 强化组织管理，积极推动项目档案管理工作

工程建设初期，首先，建设单位成立了韩江粤东灌区续建配套与节水改造应急工程建设指挥部（以下简称指挥部），由局长担任总指挥，负责工程组织建设工作，由副局长任副总指挥兼综合部主任，负责项目档案管理工作，明确负责档案管理工作的综合部职责，细化了档案管理工作的责任部门和责任人，综合部配备两名专职档案人员负责项目档案管理具体工作。按照“统一领导、分级管理”的原则，各参建单位配备专职档案员负责项目档案整理，监理单位负责参建单位形成的项目文件和图纸的审核，指挥部下设的综合部对项目档案实行综合管理，对各参建单位的项目档案工作采取全程监督，定期组织开展档案工作检查和指导，发现问题，及时整改，有效地提高归档文件的质量。其次，坚持问题导向，以解决实际问题推进档案管理工作。指挥部多次召开专题会议，研究解决档案工作重点难点问题，在每月推进会上专门听取项目档案工作情况汇报并形成会议纪要，监督落实存在问题的解决；加大并落实工作经费，保障档案管理工作顺利开展。工程建设期间，建设单位累计投入档案设备和信息化建设经费约30万元，为项目档案管理工作的顺利开展提供了必需的硬件设备和信息化支撑。

3. 建立工作制度，规范项目档案管理工作

建设单位充分认识到政策性强和可操作性好的档案管理制度是推动档案工作落实的前提，建立一套规范和完整的档案制度，对项目档案的组织和落实具有很强的指导性和保障支撑作用。在工程开工时，制定印发了《韩江粤东灌区续建配套与节水改造应急工程（安揭总干渠潮州段）项目档案管理办法》，共9章30款，从分类方案到文件材料、图纸的形成、收集、整理、归档，从文件分门别类到文件的排列顺序、装订方法，都逐一详尽规定，内容涵盖了项目档案收集整理至归档移交的全过程，为项目档案工作开展奠定了坚实的基础。

4. 落实同步管理，确保项目档案完整准确系统

（1）坚持项目档案管理与工程建设同步。项目档案管理是建设项目管理的重要组成部分，建设单位把档案工作纳入到工程建设管理的各个环节，做到与工程建设同步，同步收集、同步归档。指挥部副总指挥、档案工作分管领导多次带领综合部档案人员到监理单位监理部和施工单位项目部检查监理、施工档案整理情况，形成检查记录，复查合格逐一销账。

（2）落实项目档案管理与合同管理同步。强化档案移交工作在合同管理中的刚性约束，将档案工作纳入合同管理，在项目招标和签订设计、监理、施工合同时，设立专门条款：在提交纸质档案的同时，必须同时提交电子文档；监理、施工单位在未完成归档工作（办理移交手续）前，暂不支付工程款尾款。

（3）强化档案审查与各阶段验收同步。在分部工程、单位工程、合同完工和各专项验

收时，同时进行档案审查验收。档案正式归档移交前，由监理单位、指挥部工程部对档案进行技术审核，尤其是竣工图修改，必须经过工程部、监理单位审核确认，综合部方可办理移交接收手续。为顺利通过项目档案专项验收，建设单位组织业务部门技术骨干、综合部档案管理人员对该工程项目档案进行全面系统地检查，做好专项验收前的自查自纠工作。

（4）确保档案管理人员在岗培训与实际操作同步。2013—2018年工程建设期间，每年建设单位均组织指挥部、监理单位、施工单位工程技术人员和档案管理人员参加省水利厅、省水利学会主办的水利工程建设项目档案工作培训班，接受项目档案专业培训和辅导，掌握最新的档案工作政策规定，了解最新的档案管理要点，学习典型示范工程档案管理经验。此外，建设单位还通过向兄弟单位学习交流，借鉴优秀经验，使项目档案质量有效提升。

该工程共收集归档档案（含特殊载体档案）422卷，其中立项审批文件66卷，设计基础及设计文件3卷，征地移民文件5卷，工程管理文件111卷，施工文件（含施工图、竣工图、设计变更文件）154卷，监理文件23卷，财务器材文件52卷，竣工验收文件8卷。项目档案验收时，验收组认为文件材料的形成质量好，收集齐全，整理规范，归档手续完备；竣工图图面清晰，签署手续完备，能反映工程实际情况。

5. 完善库房设施，确保项目档案规范安全

（1）加强库房设施建设和日常管理。严格落实“档案办公用房、借阅、库房三分开”的原则，档案工作用房共215.2m^2，其中档案办公用房38.34m^2，借阅室92.16m^2，档案库房84.7m^2，库房配备有铁门、防盗窗、气体消防等设施，满足了档案保管的日常需要，且保管设施均能符合防火、防潮、防盗等“十防”要求。

（2）加强库房安全管理。印发《档案室安全保管保护条件建设指引》，专门梳理并整改不符合指引要求的薄弱环节。建立进出库房登记制度，设立《库房出入登记表》和《节假日期间进出库房登记表》，严格库房管理；建立库房日常巡查机制，专人每天巡查档案库房，记录和调节库房温湿度，检查消防设备工作情况，防范安全隐患。

（3）建立完善信息化管理手段。加大信息化建设的投入，购置档案管理软件，对全套工程项目档案进行电子化数字化处理，与办公自动化系统无缝衔接，实现档案目录电子化、归档文件数字化要求，同时定期做好数据的备份，确保档案安全保管。

6. 加强编研工作，促进项目档案查询利用服务

强化档案的开发利用，更好地服务于工程建设。为便于查阅和利用，建设单位编制了《安揭总干渠潮州段工程大事记》《设计修改通知单汇总表》《工程项目、单位、分部工程质量评定表汇编》《设计修改通知单与竣工图修改对照汇总表》《工程前期审批文件汇编》《项目档案编制说明》等材料，使档案管理工作更好地助力工程建设的完成，同时为各阶段验收、专项验收、结算、审计等提供了便捷查询利用服务。

6.2.3 项目档案管理成效

通过该工程档案管理的实践，项目档案工作取得了良好成效，有力地促进工程建设管理各项工作顺利开展。

（1）顺利通过了各专项验收。2018 年 3 月 27 日通过了水土保持设施专项验收，2018 年 3 月 27 日通过了征地补偿和移民安置专项验收，2018 年 7 月 3 日通过了环境保护专项验收，并完成了结算和审计工作。

（2）顺利通过了项目档案专项验收。2018 年 7 月 16—17 日，广东省档案局组织了韩江粤东灌区续建配套与节水改造应急工程（安揭总干渠潮州段）项目档案专项验收，被评定为优秀等级；2019 年 2 月 19 日，经广东省档案局审核确认：韩江粤东灌区续建配套与节水改造应急工程（安揭总干渠潮州段）项目档案荣获 2018 年度广东省重大建设项目档案金册奖。

（3）顺利通过了工程竣工验收。2019 年 9 月 11 日，广东省水利厅组织了该工程的竣工验收，经竣工验收委员会讨论研究，形成以下验收结论：韩江粤东灌区续建配套与节水改造应急工程（安揭总干渠潮州段）已按批准的设计内容全部完成，工程施工质量满足设计和规范要求，工程项目质量合格。工程竣工决算已通过审计，投资控制合理，工程实际投资控制在概算之内并有结余。征地补偿和移民安置、环境保护、水土保持、工程档案等专项已通过验收。工程投入运行以来，渠道、渠系建筑物和机电设备运行正常，工程效益和社会效益显著。竣工验收委员会一致同意工程通过竣工验收。

（4）该工程建成后，恢复改善安揭引韩灌区灌溉面积 5.4 万亩，极大地改善农业生产条件，同时结合工程建设，有效改善农村交通出行条件，提升水环境质量和村容村貌，工程取得了显著的经济效益、社会效益和环境效益。

（5）该工程的项目档案管理经验，为潮州市、汕头市和揭阳市水（务）局作为建设单位（项目法人）负责韩江粤东灌区续建配套与节水改造工程的其他灌区建设和项目档案管理工作提供了样板，发挥了项目档案管理良好的引领和示范作用。目前，在建的项目档案工作均以广东省重大建设项目档案金册奖为目标，推广普及该工程在档案管理方面的经验做法，并取得了良好成效。

6.2.4 结语

近年来，随着项目档案在工程建设和管理中的作用不断突显，各参建单位对项目档案的重视程度也在不断提高。通过对韩江粤东灌区续建配套与节水改造应急工程（安揭总干渠潮州段）档案管理的实践经验进行总结，有力地说明强化工程档案管理，必能有效地促进工程建设管理。

6.3 水利工程建设项目档案质量管理调研实践[47]

为进一步推进广东省水利工程建设项目档案工作，提高项目档案质量和管理效率，广东省水利厅政务服务中心开展《水利工程建设项目档案内在质量的研究》科研项目工作，选择广东省水利工程建设现场开展工程档案质量的调研。本文以珠海市竹银水源工程、城乡水利防灾减灾工程档案质量的管理情况为例，2018 年 9 月 5—7 日，通过座谈交流、实地察看、查阅档案等方式进行深入调研，全面分析珠海市竹银水源工程、城乡水利防灾减灾工程档案工作总体开展情况，介绍建设单位珠海市城乡防洪设施管理和技术审查中心

（以下简称为珠海市防洪中心）开展水利工程建设项目档案资料归档工作质量管理的实践，以供水利水电工程行政管理、建设管理、设计、施工、工程监理、质量监督和运行管理等工作人员参考。

6.3.1 档案工作调研

工程建设项目档案是建设工程的有机组成部分，记录了工程建设与管理全过程的信息，在工程项目的建设过程、竣工验收和后期维护等工作中发挥巨大作用，也是工程项目进行稽查、设计、监督、管理的重要依据。近年来，工程档案管理日益受到重视，各级水行政主管部门扩大宣传，加大力度，加强项目档案管理，取得了良好的成效。但实际检查结果及大量的工程违法违纪案例却显示出工程建设档案管理依然存在着诸多问题，对如何形成高质量的项目档案、保证项目档案的内在质量做到有效的监控，在认识和做法上还普遍存在差异。因此，为加强工程项目档案的质量管理，需要进行深入调研。

（1）座谈交流，深入探讨。调研组在珠海市防洪中心召开座谈会，听取了珠海市防洪中心关于珠海市竹银水源工程、城乡水利防灾减灾工程项目档案管理工作和项目建设管理情况的介绍，详细了解了工程档案管理方面的经验和存在的问题及建议；同时还就水利工程建设项目档案质量问题的成因以及改进建议进行了深入的探讨。珠海市防洪中心主要领导和技术审查部、项目建设部、综合部等负责人参加了座谈。

（2）实地察看工程状况。调研组与珠海市防洪中心有关负责同志实地察看了珠海市乾务赤坎大联围加固达标工程应急项目南水沥堤段和十字沥水闸、珠海市小林联围达标加固工程应急项目木乃南堤段等工程状况，深入了解工程建设管理、档案管理工作等情况。

（3）实地查阅工程档案。调研组在珠海市防洪中心有关负责同志陪同下前往中心档案专用库房，抽查了部分工程项目的实体档案，检查了项目档案的组卷情况及案卷质量，对项目建设前期文件、建设期施工记录、原材料及中间产品材质证明、隐蔽工程验收记录、设备文件、设计变更文件等进行了系统的检查，并就如何确保组卷时档案的真实准确、完整系统进行了深入的探讨。

6.3.2 档案工作总体开展情况

珠海市防洪中心主要负责珠海市市管水利工程的建设管理和工程管理，成立以来建设了竹银水源工程、城乡水利防灾减灾四大联围等多项工程，并开展对全市水利行业档案管理指导工作。该中心负责的竹银水源工程、城乡水利防灾减灾工程建设，项目档案工作成绩显著，在档案管理方面积累了优秀的经验做法，并作为珠海市项目档案管理先进单位，为珠海市各水利工程建设项目档案工作提供了样板和先进经验。

1. 珠海市竹银水源工程档案工作开展情况

珠海市竹银水源工程是贯彻落实国务院批准的《保障澳门、珠海供水安全专项规划报告》中解决澳门、珠海咸期供水安全的关键工程，也是《珠江三角洲地区改革发展规划纲要（2008—2020年）》提出的建立合理高效水资源配置和供水安全保障体系中的重要项目。工程由新建竹银水库、扩建月坑水库以及连接隧洞、泵站、输水管道等组成，项目于2008年经广东省发展改革委批准立项建设，概算总投资9.56亿元，2009年4月开工，

2011 年 4 月主体工程完工。竹银水源工程建成后发挥效益显著，为珠澳两地的咸期供水保障发挥了关键作用，受到了社会各界和澳门特区政府的高度赞赏[44]。为了实现对珠海市竹银水源工程档案质量的有效控制，珠海市防洪中心制定了项目档案工作管理制度，建立了包括各参建单位在内的项目档案管理网络，多次组织业务培训和对外交流，整体提高档案管理人员素质；并将项目档案工作纳入合同管理，监管措施有力，不定期组织开展项目档案工作检查，发现问题，及时整改，整体提高了归档文件质量。该工程共整理和归档 2334 卷档案，于 2016 年 11 月通过了广东省档案局组织的档案专项验收，评定为优秀等级（要求：综合得分 95 分以上），并荣获 2016 年度广东省重大建设项目档案金册奖［要求：综合评分达到优秀且“案卷质量”单项总分（满分 60 分）不低于 57 分的省以上重大建设项目］，实现了珠海市水利项目在该奖项的“零突破”，并在档案工作的组织体系建设、业务标准制定、信息化建设、服务模式创新等方面累积了较为丰富的管理经验。

2. 珠海市城乡水利防灾减灾工程档案工作开展情况

珠海市城乡水利防灾减灾工程由白蕉联围、小林联围、乾务赤坎大联围、中珠联围四大联围组成，分成 23 个项目分期实施。概算总投资 23.2 亿元，共加固堤防长 180.4 公里，新（重）建水闸 71 座。珠海市防洪中心承担珠海市城乡水利防灾减灾工程建设任务以来，推广普及竹银水源工程在档案管理方面积累的经验做法，为城乡水利防灾减灾工程档案工作起到了良好的引领和示范作用，获得了各参建单位的充分肯定和高度赞扬，使各参建单位由最初的不支持到后期的高度配合，按时完成收集、整理、归档、移交工作，并通过培训和交流为参建单位培养了不少优秀的档案管理人员。同时，这些项目未列入广东省重大建设项目，其实可按《水利工程建设项目档案验收管理办法》进行项目档案专项验收，但是，建设单位高标准严要求，严格按照《重大建设项目档案验收办法》标准进行项目档案专项验收。在广东省档案局、广东省发展和改革委员会《转发国家档案局国家发展和改革委员会关于印发重大建设项目档案验收办法的通知》（粤档发〔2006〕32 号）中，广东省重大建设项目档案验收结果按照《广东省重大建设项目档案验收评分表》进行评分，得分≥95 为优秀；90≤得分＜95 为优良；85≤得分＜90 为良好；75≤得分＜85 为合格；得分＜75 为不合格。目前，15 个项目已通过珠海市档案局组织的档案专项验收，累计产生档案 5500 卷，其中 11 个项目评定为优秀，2 个项目评定为优良，1 个评定为良好，1 个评定为合格，为工程建设、验收、决算、审计和运行管理发挥了良好的服务作用。另 8 个项目正在准备档案专项验收。

6.3.3 档案工作实践经验

1. 自上而下高度重视，促进了项目档案工作高效开展

珠海市防洪中心充分认识到新时期做好档案工作的重要性，在工程开工伊始，在珠海市海洋农业和水务局的指导下，及时与广东省水利厅、广东省档案局、珠海市档案局等部门取得联系，确保档案工作在高起点、高标准的层面上展开，并通过将项目档案工作纳入合同管理、建立自上而下档案管理网络、各种培训和交流等形式，引导和全面提高各参建单位工程技术人员和档案管理人员对工程档案重要性的认识。工程建设期间，广东省水利厅、珠海市海洋农业和水务局、广东省市档案局的领导和业务专家多次莅临工地现场检查

指导，提出建议和要求。项目档案工作得到了各级领导的高度重视，对项目档案管理工作起到了巨大的鼓舞和推动作用，为提升档案管理水平奠定了良好的基础。

2. 档案工作机制完善，确保了档案管理网络正常运行

珠海市防洪中心建立和完善项目档案管理机制，形成了宏观规划、强化监管、协助沟通的档案工作体系。一方面成立了档案工作领导小组，实行“主任统一领导，副主任具体分管，专职档案员负责，科室兼职档案员协助”的分级负责体系，对项目档案进行规划、监督、管理、检查、验收，发挥了建设单位在项目档案工作中的主体作用；另一方面，严格要求和落实各参建单位成立相应的档案工作小组，确定由各参建单位项目经理、项目总监等分管项目档案工作，选派经过档案专业岗位培训的档案管理或技术人员担任专职档案员，配备兼职档案管理人员，按照建设单位的要求，开展项目文件材料原始积累、准确性审核、规范性整理和高质量移交，由此形成自上而下的工程档案管理工作网络，达到了项目档案形成的高质化、流程的科学化、整理的规范化和移交的完整化。

3. 精心组织前期工作，制定了档案管理前期规划方案

珠海市防洪中心按照国家、省市各级部门档案工作法律法规，制定和完善了《珠海市城乡水利防灾减灾、竹银水源工程项目档案规范化管理工作方案》《文件材料归档范围与保管期限表》《档案分类表》《项目档案编制说明》《档案整理操作规程》《竣工图的编制规定》《档案库房管理制度》《档案保密制度》《档案利用制度》《档案鉴定与销毁制度》等档案管理制度和业务标准，并印发至各参建单位，为做好档案管理工作提供了有效的保障。同时结合招投标工作，在编制招投标文件和与设计、施工、监理等单位签订合同时，明确各参建单位管理职责，设立专门条款：采用统一的档案管理软件；同时移交纸质档案和电子文档；明确竣工档案的收集、整理、组卷、套数、内容、质量、费用、移交范围、移交时间和违约责任等。

4. 强化档案主体责任，全面落实工程档案管理工作

珠海市防洪中心明确了各参建单位在项目建设各阶段文件的形成、收集、整理和归档责任，各参建单位在建设单位的监督下不断加强档案工作的组织管理，强化岗位责任制。建设单位对工程档案工作负总责，做好自身产生档案的收集、整理、保管工作，加强对各参建单位文件材料的形成质量、收集范围、规范整理和档案安全保管等工作的监督、检查和指导。监理单位负责监理文件材料的管理，在保证工程建设项目监理文件材料完整、准确、规范的同时，及时督促、检查施工单位文件材料形成、收集、整理和归档工作。施工单位档案由项目经理负责，指定专人负责施工过程中形成的文件材料的收集、整理和归档工作，自觉接受建设、监理单位的监督检查、指导。正因为各单位切实落实了工程档案管理主体责任，所以，从工程开工建设直至验收，各单位的档案工作分管领导和专职档案管理人员不论工作岗位调动或更换，自始至终都保证该项目档案工作岗位有专人负责，并做好各自单位的档案管理工作。

5. 坚持档案监督检查，确保项目档案管理与工程建设同步

项目档案管理是建设项目管理的重要组成部分，珠海市防洪中心把档案工作纳入到工程建设管理的各个环节，根据工程建设进度分阶段通过文件、会议、合同等落实各参建单位有关的项目各类文件材料归档进度，保证了工程档案工作与工程建设的同步开展。珠海

市防洪中心档案管理人员参与到工程建设管理每一个过程，特别是各分部工程验收、单位工程验收和合同工程验收，对档案管理工作实行前、中、后期全程监控，并定期组织各参建单位工程技术人员和档案管理人员、设计代表、项目总监、项目总工等到各项目部进行交叉检查项目文件材料的形成、收集及整理情况，并公开通报检查情况，各参建单位对应整改后报告备案，档案管理工作也作为参建单位各阶段的考核依据之一。

6. 强化档案质量管理，保证项目档案总体质量

珠海市防洪中心强化档案质量管理，要求工程技术人员和档案管理人员在做好在档案外在规范基础上，高度重视档案内在质量[5]，严格遵守并执行工程和档案有关法律法规和标准制度，按照工程建设管理顺序、工程实施流程活动、文件材料形成、收集整理等，认真细致、及时规范、真实完整、合乎逻辑、符合工程建设实际过程等形成文件，达到完整、齐全、准确、真实、系统、规范的要求，从而保证项目档案的总体质量，促进了各项目建设的顺利开展和工程质量安全，达到了各项目档案专项验收获得高分高等级成绩。

7. 坚持强化档案审查，严格验收项目档案

珠海市防洪中心档案室专职档案管理人员坚持在各分部工程验收、单位工程验收和合同工程验收前按照本工程档案专项验收要求，对各分部工程验收、单位工程验收和合同工程完工验收前文件材料进行严格审查，要求只有审查合格后方可主持召开相应的工程验收会议。珠海市防洪中心组织成立了建设、设计、监理和施工等单位组成的工程档案审查工作小组，负责各工程档案专项验收前所有单位应归档档案的审查工作，要求达到工程档案专项验收条件后方可进行工程档案专项验收和移交接收相应的工程档案，对文件材料形成、整理、组卷等质量，从严把关，为确保工程建设实施全过程的档案完整、准确、系统和安全提供了技术保障[26]。

8. 加强业务培训交流，提高项目档案管理人员素质

做好项目档案工作必须有一支高素质的档案工作队伍，珠海市防洪中心历届领导充分认识到提高档案工作队伍专业技术水平和业务素质的重要性，先后组织参建单位档案管理人员参观学习海南大隆水库、北江大堤加固达标工程等项目档案管理工作经验，并组织各参建单位工程技术人员和档案管理人员分别参加广东省档案局、广东省水利厅、广东省水利学会组织的水利工程建设项目档案培训班的学习。通过业务培训和档案专业技术交流，大大提高了工程技术人员对档案重要性的认识和档案管理人员的业务水平，有益于更好地开展项目档案管理工作。

9. 确保档案安全保管，扎实推进档案管理设施设备及信息化建设

珠海市防洪中心高度重视工程档案管理工作，不断加大投入，为工程项目档案管理工作解决档案设施设备及相关工作经费，确保档案安全保管条件，持续推进项目档案管理及信息化建设。一是配置了 120m^2 的档案库房、30m^2 的阅览室和 20m^2 的办公室。档案库房配置智能密集架，提高了库房利用率，并安装防盗门窗、空调和若干手持式灭火器等设备。二是配置了档案专用电脑、扫描仪、打印机、空调、抽湿机、消毒柜、防磁柜等设施设备，达到防盗、防火、防潮等“十防”要求，确保档案安全保管。三是购置档案管理网络版办公软件，科学规范系统管理档案。

6.3.4 结语

珠海市竹银水源工程、城乡水利防灾减灾工程等大中型水利工程建设项目在档案质量控制和电子档案管理等方面提供了较为有效的管理手段，取得了较好的经验和做法。调研组通过总结上述水利工程建设项目档案管理，特别是水利工程建设项目档案质量管理工作方面的先进经验，研究档案质量存在的问题成因和质量保障，为今后档案管理工作提供了有益的借鉴和参考。

6.4 水利工程建设项目档案内在质量的研究成果[48]

为了不断提高工程技术人员和档案管理人员对项目档案必要性、重要性的认识，不断增强做好项目档案管理工作的责任意识，推进广东省水利工程建设项目档案管理能力和促进工程质量安全，造就一批工程技术骨干和档案管理综合型人才，广东省水利厅政务服务中心开展了科研项目《水利工程建设项目档案内在质量的研究》的研究［基金项目：2018年度广东省档案局科研项目，粤档函〔2018〕242 号：水利工程建设项目档案内在质量的研究（编号：YDK—197—2018）］。项目于 2019 年 9 月通过了广东省档案局评审结题验收，并获得了科学技术成果鉴定证书，成果水平为国内领先[49]。以下主要介绍相关研究成果。

6.4.1 研究的缘由

随着我国社会主义市场经济的持续发展，工程建设项目特别是水利工程建设项目的数量、规模和投资逐年增加，水利工程建设项目得到有效管理，水利工程建设项目档案在社会经济发展中起着重要的作用。广东省各级政府、档案行政管理部门和工程建设项目行政主管部门积极贯彻落实国家法律法规和部、省有关档案工作规章标准，采取有效措施积极推进工程建设项目档案工作，健全管理机制，落实工作责任，建立档案工作管理网络和档案管理制度，工程建设项目档案管理工作取得了良好的成效。科研课题组成员通过参加广东省档案局组织全省重大建设项目档案检查和广东省水利厅组织重点水利建设项目档案检查工作后，发现工程建设项目档案外在规范方面，档案文件材料的收集、整理、分类、编号、立卷、审核、归档、保管、查借阅、统计、移交等工作均比较完善，系统性达到规定要求，但在工程建设项目档案内在质量方面，其完整性和准确性还存在不少问题，特别是工程实施过程中，文件资料需改进完善，才能保证档案的完整、准确、系统、规范和安全[11]。为此，有必要开展水利工程建设项目档案内在质量的研究。

6.4.2 研究的方法和过程

立足广东省水利工程建设项目档案工作，选择较为典型的省内外工程建设项目档案进行调研，在具体场景中比较各单位所采用方法、技术、实施方式的优劣，在掌握大量现实资料的情况下总结规律，研究档案内在质量保障。运用档案学、管理学、计算机科学、水利工程学等多学科理论进行研究，克服单一学科研究的片面性而进行系统的归纳与总结。

广东省水利厅政务服务中心职能之一是具体承担厅水利档案管理工作，负责厅机关综合档案管理工作，指导和督查厅直属单位和全省水利系统的档案管理工作，参与省重点建设项目的水利工程的档案专项验收工作，为本课题研究提供了基础。科研课题组成员结合工程设计、监理、招标代理、安全监管、质量监督、审查、咨询、档案、验收、决算、检查、稽查、鉴定等方面工作实践，在长期以来监督指导检查水利工程建设项目的工作积累，研究分析水利工程建设项目档案管理工作法规和参考文献，自2015年着手对档案质量的研究，从工程技术和档案管理专业分析项目档案外在规范和内在质量。科研课题组结合省级在建水利工程建设项目档案的监督指导，同时到省内外水利工程建设项目开展档案工作调研，先后到珠海市竹银水源工程及城乡水利防灾减灾工程、江新联围礼东围龙泉滘水闸重建及新增电排站工程和广西大藤峡水利枢纽工程开展档案工作调研，并形成了调研报告。同时，注重研究成果的转化和推广应用，科研成果已通过刊物发表论文、水利工程建设项目档案工作培训班课程及在广东省水利厅网站发布课件、广东省水利学会/广东省水利水电专业工程技术人员继续教育专业课视频课程《水利工程建设项目档案的质量保障》(12学时)、新南方职业培训学院/新南方教育网专业技术人员继续教育专业课视频课程《水利工程建设项目档案规划和管理》(12学时）等形式进行推广应用，供工程建设项目行政管理、监管部门、建设管理、设计、监理、施工、检测、质量监督和安全监管等单位工程技术人员和档案管理人员学习参考，并取得了良好成效。

6.4.3 研究的主要内容和技术指标

1. 主要内容

(1) 项目档案必要性和重要性研究。通过剖析示范工程、获奖工程以及工程质量安全事故案例等，分析项目档案的质量与工程建设质量、运行管理安全、廉政风险防控等关系，以及档案内在质量与工程质量安全事故之间的关系，提出项目档案的必要性和重要性。

(2) 项目档案质量控制体系构建。厘清项目文件与项目档案之间的关联，提出工程建设项目档案质量的标准、要求和内涵、外在规范及内在质量含义和要求。

(3) 项目档案质量含义分析。剖析广东省工程建设项目，尤其是水利工程建设项目档案内在质量存在的问题，研究档案内在质量存在的问题与成因，提出项目档案质量管理建议。

(4) 项目档案质量研究应用推广。提出档案内在质量管理在工程建设项目行政管理、监管部门、建设管理中的作用，为设计、监理、施工、检测、安全监管和质量监督等单位的工程技术人员和档案管理人员提供参考，探讨工程建设项目档案工作规划和工程建设项目档案管理工作报告编制。

(5) 项目档案信息化管理。利用信息化、数据分析等技术手段对档案质量管理提出双同步（项目档案形成与工程建设进度同步，纸质档案资料与电子档案资料同步）探索和档案安全管理要求。

2. 技术指标

(1) 通过剖析示范（获奖）工程、质量安全事故案例以及水利工程建设项目档案内在质量的不足，分析项目档案的质量与工程建设质量、运行管理安全、廉政风险防控等之间的关系，研究档案内在质量存在问题与成因，提出项目档案必要性和重要性及项目档案质量管理建议。

（2）研究工程建设项目档案质量的标准、要求和内涵，外在规范及内在质量含义和要求、控制因素，提出工程建设项目档案资料检查审核工作的必要性及其方式方法、工作依据，构建项目档案质量控制体系[25]。

（3）研究项目文件与项目档案、项目文件质量与项目档案质量、项目文件内在质量与项目档案内在质量等关系，分析工程质量安全事故的原因，提出项目档案内在质量管理的启示，将违规违法违纪事件扼杀在萌芽状态或及时处理，保证工程质量安全、项目管理人员和参建人员安全。

（4）通过电子档案规范前端控制、建设过程档案协同控制、电子档案闭环控制，档案内在质量信息化数据比对校核，有利于项目行政主管部门和档案管理部门做到事前指导服务、事中监督检查和过程监控。

（5）探讨工程建设项目档案工作规划、工程建设项目档案管理工作报告、项目档案监理审核报告和施工档案管理工作报告的编制，作为有效全面开展项目档案工作的依据和指导性文件，不断改进档案管理工作方式方法和完善项目档案成果。

3. 解决的关键问题

（1）通过剖析广东省示范工程、获奖工程以及工程质量安全事故案例等，分析工程建设项目档案的质量与工程建设质量、运行管理安全、廉政风险防控的关系，分析工程建设项目成果与项目档案关系、提出项目档案必要性和重要性。

（2）通过实例剖析目前广东省工程建设项目，特别是水利工程建设项目档案内在质量存在的不足，研究档案内在质量存在的问题与成因分析。结合国家档案局、水利部和广东省等关于工程建设项目档案质量有关要求，提出工程建设项目档案质量的标准、要求和内涵、外在规范及内在质量含义和要求。项目档案质量内涵包括外在规范和内在质量两方面。项目档案外在规范，也称外在质量，是指项目文件材料的收集、鉴定、整理、分类、编号、组卷、案卷与卷内文件排列、案卷编目、装订、卷皮与卷内表格制作等环节的工作质量；项目档案内在质量，也称内容质量，是指项目档案卷内文件材料的形成过程的质量和具体内容的质量。

（3）通过档案管理和工程管理两个维度，分析文件与档案的关系、项目文件与项目档案关系、项目文件质量与项目档案质量的关系、项目文件内在质量与项目档案内在质量的关系。通过分析工程质量安全事故的原因，剖析档案内在质量与工程质量安全事故的关系，提出项目档案内在质量管理的启示[13]。

（4）通过项目档案内在质量主要控制因素研究，提出档案内在质量管理对工程建设项目行政管理、监管部门、建设管理、设计、监理、施工、检测、安全监管和质量监督等单位工程技术人员和档案管理人员的建议。

（5）结合电子档案规范前端控制、建设过程档案协同控制、电子档案闭环控制的研究，利用信息化、数据分析等技术手段对档案质量管理提出双同步管理（即项目档案形成与工程建设进度同步，纸质档案资料与电子档案资料同步）和档案内在质量信息化数据比对校核的探索。

6.4.4 研究成果和意义

（1）本项目尝试突破传统研究视角和研究领域的束缚，以新时代新要求新观念为基础，在总结典型实例基础上，对水利工程建设项目档案从形成、整理、组卷、归档等方面提出了一套完整的质量控制体系，有利于提高广东省水利系统工程建设项目档案质量和管理水平。

（2）通过解析档案质量管理重点在于项目档案内在质量的控制因素，汇集了水利工程建设项目在档案管理方面存在的不足，并提出完善改进的经验做法，对水利工程建设项目档案管理工作提供了借鉴和参考，并及时将违规违法违纪事件扼杀在萌芽状态或及时处理整改，提高工程质量安全、项目管理人员和参建人员安全。

（3）通过分析项目档案内在质量与工程质量安全事故的关系，提出了档案内在质量控制在面向行政管理、建设管理、设计、监理、施工等单位（部门）的应用，改变档案质量管理的传统理念，转向落实各参建单位和工程技术人员按建设管理程序、工程技术规程规范编制形成并及时报送档案资料的责任管理。

（4）探索提出项目纸质档案资料与电子档案资料同步管理和控制的方法，提出了电子档案规范前端控制、建设过程档案协同控制、电子档案闭环控制，档案内在质量信息化数据比对校核，同步管理、同步归档、数据分析、自动纠错的分析和研究，大大减少了工程后期档案整理、补充完善工作的劳务成本，加快了档案工作进度和保证工程质量安全。

（5）项目对档案质量进行剖析，提出档案外在规范和内在质量的分类体系，拓宽了传统档案管理的研究视野，使得档案管理不仅仅局限于末端汇总，而是渗透进工程项目建设全过程，成为项目建设中的体温计和探测器，对工程质量安全保障起到一定的作用。

（6）有利于推动水利工程建设项目档案质量的提高。从现行的国家和行业标准入手，结合调研研究成果，在实际工作中逐渐补充完善和更新档案质量标准和要求，探索出更具操作性的水利工程建设项目档案管理相关要求。本项目完成后对水利行业以及其他行业提供项目档案质量管理借鉴和参考，有利于建设单位和各参建单位更好地履行合同协议中工程档案管理主体责任，建立健全各单位内部档案管理制度，不断加强档案工作的组织管理，强化全员责任制和岗位责任制，从而推动水利工程建设项目档案质量的提高[45]。

（7）有利于提高工程技术和档案管理人员的档案工作技能。通过项目档案质量标准、要求、内涵以及内在质量含义解析，有利于提高参建单位工程技术和档案管理人员档案专业技术水平和业务素质的重要性认识，有利于促进工程技术人员高度重视工程档案工作，熟悉掌握档案管理工作业务理论和知识技能，也促进档案管理人员了解掌握工程基础知识和熟悉掌握工程建设管理相关要求，为工程项目档案管理工作发挥主动作为的作用，为做好档案工作提供了坚强技术保障，为提升档案管理水平奠定了良好的基础。

（8）有助于档案学研究视野的进一步开拓。水利工程建设项目档案内在质量研究，属于项目档案的行业研究，但通过对其研究成果内在质量的含义和项目档案质量标准及质量管理要求，将为公路、铁路、航运、住建、市政等行业项目档案质量研究拓宽视野，为项目档案质量的管理和监督提供参考借鉴，有利于进一步推动工程建设项目档案质量管理工作。

6.4.5 推广和应用

（1）推广应用范围与前景：档案内在质量保障体系，确保档案工作与工程建设同步，确保建设工程档案是工程施工的真实记录和工程实体的真实反映，促进工程质量安全、促进工程规范管理、促进工程领域反腐倡廉工作取得良好成效。有效控制水利工程建设项目档案内在质量，有利于推进工程建设进度，有利于保证工程质量安全，有利于有效控制工程投资，有利于工程提前发挥效益，有利于建设廉政工程项目，有利于造就一批工程技术骨干和档案管理综合型人才[25]。

（2）珠海市竹银水源工程项目档案荣获2016年广东省重大建设项目档案金册奖，是建设单位和参建单位高效开展工程档案管理工作的成果体现，也是工程建设项目实施全过程的档案完整、准确、系统、规范和安全的典型代表，尤其注重档案内在质量，其档案管理工作经验值得借鉴和学习。先后有原广东省三防总指挥部办公室、广东省西江流域管理局、广东省乐昌峡水利枢纽管理处、茂名市水务局和廉江市水务局等10家建设单位率项目参建单位相关人员参观学习交流。该建设单位承担的珠海市城乡水利防灾减灾工程23个项目建设任务以来，推广普及竹银水源工程在档案管理方面的经验做法，为项目工程档案工作起到了良好的引领和示范作用，并取得了良好成效。

6.4.6 结语

通过《水利工程建设项目档案内在质量的研究》课题的研究，全面了解和掌握了全省水利系统工程建设项目档案管理情况，研究分析了水利工程建设项目档案质量存在的主要问题以及产生的主要原因，并提出相应的解决方法和建议；系统阐述了水利工程建设项目档案的含义、工程建设项目档案质量标准、要求和内涵、项目档案内在质量和外在规范的含义，以及项目档案内在质量与工程质量安全事故之间的关系，提出了做好工程建设项目档案管理工作重要性和必要性，对今后的水利工程建设项目档案管理具有借鉴作用；进一步推进档案信息化建设，利用数据分析、信息化等技术手段，对档案质量管理提出双同步（项目档案形成与工程建设进度同步，纸质档案资料与电子档案资料同步）的探索和档案安全管理要求。

第7章

水利工程建设项目档案质量管理总结与展望

7.1 水利工程建设项目档案质量管理总结

7.1.1 档案质量管理是贯彻新发展理念的要求

随着我国经济的持续发展，工程建设项目，特别是水利工程建设项目，其数量、规模和投资逐年递增。水利工程建设项目档案质量管理的提出，来源于高速度发展向高质量发展的转变要求的契合，在水利工程建设项目档案工作实践中，走出一条契合新发展理念的档案质量管理发展之路。广东省水利工程建设项目的管理日趋规范、科学、有效，水利工程建设项目档案管理工作在系统化和规范化上的大幅提升。认真做好水利工程建设项目档案质量管理工作是贯彻新发展理念，走高质量发展的需要，规范工程建设项目档案管理是工程建设管理规避违法违规的重要手段和技术保障。

水利工程建设项目是水利行业或水利系统内的各类工程建设项目统称，包括新建、改建、扩建和技术改造项目。水利工程建设项目范围主要包括：水库、拦河闸坝、引（调、提）水工程、堤防、水电站（含航运水电枢纽工程）等在江河、湖泊上开发、利用、控制、调配和保护水资源的各类工程（包括新建、续建、改建、加固、修复）建设项目；还包括：水库移民安置、滩涂治理、农村饮水安全、水土保持、山洪灾害防治、地下水监测、水文、水资源监控能力建设、防汛防旱防风系统、监测监控系统、电子政务系统、办公自动化系统、档案管理系统、水利科技创新、水利工程维修养护、白蚁防治、设施设备采购及维护、政务信息化服务等建设项目。

项目档案是水利工程建设质量管理的需要，是贯彻质量发展纲要提升水利工程质量的需要，也是水利行业贯彻落实国务院质量发展纲要的需要。工程建设项目档案是由建设单位、监理单位和各参建单位共同形成的，是整个工程建设的真实记录，是印证工程建设整个过程的原始凭证，是对建设项目进行稽查、审计、监督、管理、验收以及运行、维护、改建和扩建的重要依据。积极推进工程建设项目档案工作的制度化、规范化、科学化和现代化管理，做到工程建设与档案管理同步进行，形成完整、准确、系统、规范和安全的项目档案，是维护工程建设各方的合法权益的法律依据，从而促进工程建设顺利开展，提升工程质量和确保工程安全。

工程建设项目档案是质量保证的重要依据之一，是整个工程的最真实的见证和反映，真实记录了工程建设全过程的原始完整信息，极具存储价值；同时，是工程建设项目质量终身责任制的重要凭证，在责任界定中，为建设主体各方提供了有力的证据，得到法律安全保障。工程建设项目档案从它实体存在和形成过程就决定了它具有原始记录性、信息性和知识性，具有唯一性、同步性，一旦错失便不可复有。工程建设项目档案促进了工程建设的规范管理，对全面鉴定工程质量安全、查明建设过程中和投入使用后发生事故的原因，追究事故责任并科学地进行补救提供了重要的依据。

7.1.2 档案质量是水利工程质量的体现

水利工程是人类生存的百年大计，质量安全第一，水利工程在防汛、抗旱、减灾、水资源配置、水力发电、生态文明建设等方面起着重要的作用，与国民生活息息相关。水利工程建设质量事关人民群众生命财产安全、事关社会和谐稳定。相对于硬件水利工程项目而言，水利工程建设项目档案是配套的软件产品，是科学技术成果的另一种存在形式。

例如，我国的三峡工程、南水北调等水利工程档案，是水利民生工程的历史见证，做好百年大计工程的档案管理工作，为工程今后的管理、运行、维护、改建、扩建提供依据，从而提高工作效率，提高经济效益和社会效益，关系到政府的形象和群众利益，是和谐社会建设的重要信息资源。将水利工程档案为经济社会建设服务，真正做到“古为今用”，为开发建设提供重要依据，同时档案不但为当代经济建设服务，还为长远的社会发展服务，为子孙后代留下宝贵的档案史料。

国家档案局在对长江三峡工程先后形成的各类档案资料给予高度评价，并指出“三峡工程论证、审查工作规模大，时间长，参与部门多，在我国是前所未有的，在论证审查过程中形成了大量的档案资料。这些档案资料，是几十年来有关部门和广大科学人员进行大量勘测、科研、设计和实验的真实历史记录，是论证审查工作的真实依据。它把对三峡工程建成世界一流的工程，对于长江流域的经济建设和社会发展，对于今后进行科学研究、历史研究，都有极为重要的价值。维护三峡工程档案资料的完整与安全，是时代和历史赋予的责任”。

档案内在质量是工程质量的真实反映。对各单位（部门）来说，项目档案质量外在规范的管理也较为容易做好，但项目档案内在质量的管理和监控却较难管理但又尤为关键。非工程技术人员或缺乏工程建设管理技能的档案管理人员检查项目档案，一般难以发现项目档案内在质量存在的问题，难辨真伪，因而难于确定其卷内文件是否完整、齐全、准确、真实、规范和安全。

不管是工程日常工作、巡查、检查、监督、稽查、决算、审计、运行管理、改建扩建设计等查阅项目档案，还是工程各阶段验收、申报奖项或荣誉等审阅项目档案，又或是工程质量安全事故调查和违法违纪案件查处等查阅项目档案，查阅的最终目的不仅关注的是项目档案外在规范内容，更关注的核心是项目档案内在质量的具体内容。

查阅档案资料（即查阅项目档案或在建工程项目文件）是工程质量安全事故调查中必不可少的重要环节，是对工程质量和安全全面评价的根源和依据，因此，项目档案或项目文件的质量是调查对象的重点。实质上，不论是在建还是已完工验收的工程，质量安全事故调查对象的重点是项目文件或项目档案的质量，尤其是其内在质量。

水利工程建设项目档案质量标准是完整、准确、系统、规范和安全。项目文件种类载体的齐全是项目档案完整的保障，项目文件内容信息的真实是项目档案准确的基础，项目文件组卷排序的有序是项目档案系统的根本，项目文件管理协调的完备是项目档案规范的体现，项目文件实体信息的有效是项目档案安全的凭证。对项目档案而言，完整是项目档案质量的前提，准确是项目档案质量的灵魂，完整和准确是项目档案质量的核心；系统既是项目档案自身形成规律与整理效果的重要体现，又是项目档案整体质量评价和后续保管利用工作的技术支撑；而规范又促进了项目档案的完整、准确、系统和安全；以完整为前提，以准确为核心，以系统为框架，以规范为手段，以安全为保障，营造了项目档案完整、准确、系统、规范和安全的相辅相成，由此共同构建了项目档案质量标准。

7.1.3 档案质量提高是从国内走向国际的需要

近年来，中国大型基建工程创造了许多世界奇迹，同时“中国速度”也引发外媒和外国网友的追捧，中国的发展速度让世界惊叹，基建实力更是世界闻名，更是让中国在全球拥有了“基建狂魔”的名号。如港珠澳大桥人工岛创造了221天完成两岛筑岛的世界工程纪录，缩短工期超过2年，是中国乃至当今世界规模最大、标准最高、最具挑战性的跨海桥梁工程，被誉为桥梁界的“珠穆朗玛峰”。工程建设项目档案质量的提高，是匹配“基建狂魔”称号的需要，是从国内走向国际的需要。

项目档案的内在质量直接关系到工程建设项目的总体质量安全和廉政建设，是工程建设项目档案质量的关键，也是水行政主管部门、档案行政管理部门、监管部门最关心的核心和必须特别注意的问题。如果项目档案内在质量存在纰漏或者瑕疵，带病归档，不仅会影响项目档案的作用和档案信息资源的服务水平，而且也可能会因为没有及时发现问题而导致出现安全和质量事故，或者留下违规（即违反法律、规定、规范等）行为导致不良的后果。

工程建设项目实施过程中，建设、勘察、设计、监理、施工、检测等单位高度重视项目档案工作，严格执行《档案法》和《建设项目档案管理规范》等法律法规、标准规范和有关要求，并贯彻落实到工程建设管理全过程每一环节。建设单位和各参建单位应加强水利工程建设项目档案质量控制，依次做好各自职责的项目档案资料检查、审核、审查工作，为确保工程建设项目档案完整、准确、系统、规范和安全提供技术保障。

水利建设项目档案工作应按照国家档案法规和有关工作要求开展监督和管理，确保项目档案的完整、准确、系统、规范和安全。水利工程建设项目档案工作监督管理，包括水行政主管部门、档案行政管理部门、建设单位、监理单位等对项目档案工作监督管理。

加强工程建设档案管理保证工程质量和安全。纵观国内荣获重大奖项、顺利验收、安全运行和发挥效益的优秀工程，无不证明其项目档案同样是经得起考验的，其项目档案的内在质量必然也是高质量的，反之，那些发生质量安全事故或违法违纪案件的工程，其项目档案必然也是经不起考验的，带病归档，其项目档案内在质量也必然存在纰漏或瑕疵。要保证工程的质量和安全，就必须加强工程建设各方面的规范管理，特别是从加强工程建设档案管理制度管理，严格执行项目文件形成与工程建设同步管理等方面入手，以使工程建设各方面的规范化得以有效实施。为此，加强档案工作管理，严格控制项目文件质量，可以有效减少工程质量和安全的隐患，从而减少甚至避免出现工程质量安全事故。

7.1.4 项目质量促进质量安全、规范管理、廉政建设

近年来，随着项目档案在工程建设和管理中的作用不断突显，各参建单位对项目档案的重视程度也在不断提高。通过对档案管理的实践经验进行总结，有力地说明强化工程档案管理必能有效地促进工程建设管理，促进工程建设质量安全、规范管理、反腐倡廉工作。档案质量是衡量工程质量和廉政建设的重要依据。水利工程建设项目档案是衡量工程质量、工程安全和廉政建设的重要依据，要纳入工程质量安全管理程序和反腐倡廉管理范围。工程建设项目档案可作为工程建设项目是否存在违法违纪的试金石、体温计、探测仪。因此，工程参建人员必须重视项目档案管理工作，根绝高级错误，杜绝中级错误，避免低级错误，依法确保工程质量和安全。各参建单位在做好项目档案工作的基础上，同时要做好本单位内项目档案归档和管理，以备延伸审计查阅。

从获得精品工程、示范工程、广东省重大建设项目档案金册奖工程的实践证明，优质的项目档案，可确保档案工作与工程建设同步、确保建设工程档案是工程施工的真实记录和工程实体的真实反映、促进工程质量安全、促进工程规范管理、促进工程领域反腐倡廉工作取得良好成效，这些成效也在广东省水利工程建设管理中起到了示范作用。加强水利工程建设项目档案质量管理，有效控制水利工程建设项目档案内在质量，有利于推进工程建设进度，有利于保证工程质量安全，有利于有效控制工程投资，有利于工程提前发挥效益，有利于建设廉政工程项目，有利于造就一批工程技术骨干和档案管理综合型人才。

7.2 水利工程建设项目档案质量管理展望

7.2.1 以提升档案质量管理推进档案质量全面提升

水利工程建设项目档案质量管理，是立足于广东水利工程的实践基础上，还有很多地方需要进一步完善。在参加广东省档案局组织的全省重大建设项目档案检查和广东省水利厅政务服务中心组织省重点水利工程建设项目档案监督检查工作，以及参加广东省档案局组织项目档案验收或广东省水利厅组织项目档案验收中，发现工程建设项目档案外在规范方面，档案文件材料的收集、整理、分类、编号、立卷、审核、归档、保管、查借阅、统计、移交等均比较完善，系统性也能达到规定要求，然而，在工程建设项目档案内在质量方面，其完整性和准确性还存在不少问题，特别是在工程实施过程中暴露出档案内在质量存在的诸多不足，文件材料需加以改进和完善，才能确保档案的真实、准确、完整、系统，以强化项目档案内在质量促进档案质量管理，以提升档案质量管理推进档案质量全面提升。

广东省各级政府、档案行政管理部门和水行政主管部门积极贯彻落实国家法律法规和部、省有关档案工作规章标准，采取有效措施积极推进水利工程建设项目档案工作，健全管理机制，落实工作责任，建立档案工作管理网络和档案管理制度，水利工程建设项目档

案管理工作取得了良好的成效。

7.2.2 在档案外在规范基础上强化内在质量

档案内在质量是档案管理的核心，内在质量提升了，档案管理才有高质量的提高。对于具有档案专业或业务知识的档案人员来说，对照《建设工程文件归档整理规范》（GB/T 50328—2001）、《建设项目档案管理规范》（DA/T 28—2018）等规范规程要求，是轻而易举的事。对各单位（部门）来说，比较容易做好档案质量外在规范的管理，但项目档案内在质量的管理和监控是关键。

如果项目档案内在质量存在纰漏瑕疵，文件材料带病归档，不仅会影响项目档案的作用和档案信息资源的服务水平，而且也可能会因为没有及时发现问题而导致出现质量安全事故，或者留下违规（即违反规定、规则、规范等）行为导致不良的后果。

近 30 年来，工程建设项目在建设过程中乃至投入使用后发生质量安全事故和违法违纪案例，其责任追究、行政处罚和刑事判决的绝大部分是项目文件的形成、产生者和监管者（即工程技术人员和行政管理人员），极少数是项目文件整理、组卷、归档者（即负责档案外在规范的档案管理人员）。因此，各单位（部门）必须在档案外在规范基础上，高度重视档案内在质量，不论是建设单位和参建单位及其参建人员对档案形成的全过程，还是各级行政主管部门、档案行政管理部门、监管部门及其工作人员对项目档案的督导、检查，都要按各自职责，严格遵守执行有关法律法规和标准制度，确保项目档案内在质量，从而保证项目档案的总体质量。

7.2.3 加快数字档案室建设探索智慧档案

在目前项目档案实行电子档案和实体档案“双轨制”的情况下，充分利用电子文件高效、快捷查询的优势，积极探索纸质文件与电子文件的同步管理机制，充分运用信息化手段，提高项目文件的规范化，应用电子签名、大数据分析、人工智能等技术，提高项目档案的内在质量。加快数字档案室建设探索智慧档案，积极推进工程建设全过程在线档案管理系统，纸质文件形成后，及时进行数字化、电子化形成项目电子文件，并录入档案管理系统，达到项目文件形成与工程建设同步，实现同步产生、同步归档、同步校核查验和提醒，并且便于主管、监管、建设、参建等单位人员及时便捷查询项目文件或项目档案，同时及时发现内在质量问题并纠正整改工程建设管理相关事项，确保项目档案质量和安全。

参 考 文 献

［1］ 南方网．重温历史：粤港共同纪念东江水供港50周年［DB/OL］．（2015－05－28）http：//news.southcn.com/gd/content/2015－05/28/content_125214646_5.htm.

［2］ 河源市人民政府网站．河源市“6·19”粤赣高速公路河源城南出口匝道塌桥一般事故调查报告［DB/OL］．（2017－06－22）http://www.heyuan.gov.cn/zwgk/zdlyxx/aqsc/content/post_192944.html.

［3］ 黄霄羽．系统思维考察下文件与档案的关系［J］．浙江档案，2000（10）：7－8.

［4］ 潘运方．工程建设项目档案质量标准的研究［J］．城建档案，2019（7）：94－97.

［5］ 潘运方．工程建设项目档案质量的思考与实践［J］．城建档案，2017（11）：33－36.

［6］ 田煜．通讯管线建设项目档案完整性衡量标准及判别方法刍议［J］．档案管理，2014（4）：37－38.

［7］ 刘艳．建设工程档案的完整性和准确性［J］．城建档案，2014（10）：33－34.

［8］ 水利部办公厅．水利档案工作指南［M］．北京：国防工业出版社，2012.

［9］ 田煜．重大建设项目档案系统性评价指标研究［J］．档案管理，2016（5）：48－49.

［10］ 尹文菊．如何提升建设工程档案的完整性与规范性［J］．城建档案，2019（1）：35－36.

［11］ 潘运方．工程建设项目档案内在质量探讨［J］．广东水利水电，2015（12）：63－70.

［12］ 潘运方．从档案内在质量角度分析资质和注册申请材料质量及启示［J］．城建档案，2018（6）：80－85.

［13］ 潘运方，黄坚．档案内在质量与工程质量安全事故的关系及启示［J］．广东水利水电，2019（7）：107－111.

［14］ 重庆市綦江县彩虹桥“1·4”事故调查领导小组．关于綦江县彩虹桥特大垮塌事故调查报告［DB/OL］.（2013－06－08）/［2019－02－23］.http://blog.sina.com.cn/s/blog_6dd9384e01018y5a.html.

［15］ 庞宇．世纪直播綦江虹桥案［DB/OL］.（2018－12－29）.https://www.chinacourt.org/article/detail/2018/12/id/3638658.shtml.

［16］ 李坤，阳学智，彭德林．綦江大案幕后［J］．方圆，2008（2）：4－12.

［17］ 渝嘉．血的事故 血的教训——重庆綦江虹桥垮塌的启示［J］．建筑安全，1999，14（5）:30－31.

［18］ 李维平，熊开达，刘瑞平．綦江惨案的背后［J］．今日海南，1999（2）：39－42.

［19］ 交通部．关于湖南凤凰县堤溪沱江大桥“8·13”特别重大坍塌事故处理结果的通报：公路发〔2007〕766号［A］．2007－12－29.

［20］ 百度文库．“8·13”特别重大坍塌事故处理结果［DB/OL］.（2010－08－09）.https://wenku.baidu.com/view/be343d94dd88d0d233d46ada.html.

［21］ 凤凰网．李毅中在湖南塌桥事故国务院调查组成立大会讲话［DB/OL］.（2007－08－16）.http://news.ifeng.com/c/7fYNrSqiKJZ.

［22］ 马欣．湖南凤凰沱江大桥坍塌现场全部技术资料被查封［DB/OL］.（2007－08－16）.http://news.enorth.com.cn/system/2007/08/16/001827623.shtml.

［23］ 孙妍，滕建福，邹立新．沱江大桥坍塌现场昼夜搜救失踪人员［N］．中国交通报，2007－08－16.

［24］ 中华人民共和国应急管理部．江西丰城发电厂“11·24”冷却塔施工平台坍塌特别重大事故调查报告［DB/OL］．（2017－09－15）.http://www.mem.gov.cn/gk/sgcc/tbzdsgdcbg/.

［25］ 潘运方．工程建设项目档案资料检查审核审查工作的探讨［J］．广东水利水电，2019（4）:88－91.

［26］ 吴卫红，潘运方．珠海市竹银水源工程档案资料归档审查工作的实践［J］．广东水利水电，2017

(8)：95－98.
［27］ 郭团卫. 做好电力建设项目文件的归档质量审核［J］. 办公室业务，2015（13）：48－49.
［28］ 潘运方. 编制重大建设项目档案工作规划的探讨［J］. 广州档案，2018（4）：13－15.
［29］ 广东省档案局. 广东省重点项目工作领导小组办公室 关于加强广东省重大建设项目档案工作监管的通知：粤档发〔2015〕61号［A］. 2015－06－09.
［30］ 吴卫红，潘运方. 编制工程建设项目档案管理工作报告的探讨［J］. 城建档案，2019（9）：39－41.
［31］ 国家档案局，国家发展和改革委员会. 关于印发《重大建设项目档案验收办法》的通知：档发〔2006〕2号［A］. 2006－06－14.
［32］ 吴卫红，潘运方. 编制工程建设项目档案监理审核报告的探讨［J］. 城建档案，2020（5）：91－92.
［33］ 王丽慧. 南水北调工程档案验收备查材料的编写原则与参考样例发展计量分析研究［J］. 档案管理，2019（1）：91－92.
［34］ 吴卫红，潘运方. 编制工程建设项目施工档案管理工作报告的探讨［J］. 城建档案，2020（6）：78－80.
［35］ 交通部. 关于印发《交通建设项目档案管理登记办法》《交通建设项目档案专项验收办法》《交通档案进馆办法》的通知：交办发〔2007〕436号［A］. 2007－08－21.
［36］ 山西省质量技术监督局. 重大建设项目档案验收规范：DB 14/ T 1278—2016［S］. 山西：2016.
［37］ 内蒙古自治区档案局，内蒙古自治区发展和改革委员会. 关于印发《内蒙古自治区重大建设项目档案验收实施细则》的通知：内档联发〔2015〕2号［A］. 2015－01－30.
［38］ 江苏省档案局，江苏省发展和改革委员会. 关于印发《江苏省重大建设项目档案验收办法》的通知：苏档发〔2007〕27号［A］. 2007－08－07.
［39］ 浙江省档案局，浙江省发展和改革委员会. 关于印发《浙江省重点建设项目档案验收办法》的通知：浙档发〔2016〕25号［A］. 2016－11－08.
［40］ 福建省档案局，福建省重点项目建设领导小组办公室. 关于印发《福建省重点建设项目档案验收实施细则》的通知：闽档〔2007〕43号［A］. 2007－04－06.
［41］ 黑龙江省档案局，黑龙江省发展和改革委员会. 关于印发黑龙江省重大建设项目档案管理办法的通知：黑档联发〔2008〕6号［A］. 2008－09－22.
［42］ 广东省档案局，广东省发展和改革委员会. 转发国家档案局、国家发展和改革委员会关于印发《重大建设项目档案验收办法》的通知：粤档发〔2006〕32号［A］. 2006－08－30.
［43］ 吴卫红，潘运方. 珠海市竹银水源工程档案质量管理实践探讨［J］. 城建档案，2018（12）：40－44.
［44］ 珠海市城乡防洪设施管理和技术审查中心. 珠海市竹银水源工程档案管理工作报告［R］. 珠海：珠海市城乡防洪设施管理和技术审查中心，2016.
［45］ 潘运方. 珠海市竹银水源工程档案管理工作的启示［J］. 广东水利水电，2017（10）：62－65.
［46］ 陈璐，潘运方. 水利工程建设项目档案管理实践探讨［J］. 城建档案，2020（7）：40－42.
［47］ 贺巧玲，潘运方. 水利工程建设项目档案质量管理实践［J］. 城建档案，2019（10）：52－55.
［48］ 黄坚，潘运方. 关于水利工程建设项目档案质量体系的研究［J］. 城建档案，2020（10）：86－89.
［49］ 广东省档案局，广东省档案科研工作委员会. 科学技术成果鉴定书（水利工程建设项目档案内在质量的研究）［R］. 广东：广东省档案局，2019.